ジャール・ウォーカー
下村 裕［訳］

犬も歩けば物理にあたる

解き明かされる日常の疑問

The Flying Circus of Physics, 2nd Ed.
Jearl Walker

慶應義塾大学出版会

本書を私の妻、マリー・ゴルリックに捧げる。

私が『サイエンティフィック・アメリカン』の「アマチュア科学者」を執筆した一三年間、『物理学の基礎』を書くのに費やした一六年間（とこれから増えつづける期間）、そして、『物理の曲芸飛行』【本書】のこの版を作成・執筆するのに要した（私の感覚では）二〇〇年間にも思える時間を、彼女は私とともに向かい合ってくれた。彼女の励まし、支え、愛、そして寛容がなければ、私は文書処理画面の代わりに壁をじっと見つめるのが落ちであっただろう。

序文

『物理の曲芸飛行』は、一九六八年の暗くてわびしいある夜に始まった。そのころ私はメリーランド大学の大学院生であった。まあ実際は、ほとんどの大学院生にとってほぼすべての夜は暗くてわびしいのだが、その夜は特別で本当に暗くてわびしかったのである。私は常勤の教育助手であったが、ある朝早く、シャロンという私の学生に小テストを出しておいた。彼女はひどい結果を呈し、挙句の果てには私のほうを振り返り異議を申し立てた。「このどれかが私の生活に関係あるのですか！」

私はすぐさま答えた。「シャロン、これは物理だ！　これはあなたの生活と切り離せない！」

彼女は、険しい目と声で、私と向き合うようにもっと振り返り、落ち着いた調子で言った。「いくつか例を挙げてください」

私は考えに考えたが、一つの例も思いつかなかった。少なくとも六年は物理を勉強していたが、一つの例さえも思いつかなかったのである。

その夜、シャロンの悩みが、じつは私の悩みであることに気づいた。「物理」とよばれるものは、物理学研究棟で人々が行っている何かであり、シャロン（や私）が現実に生きている世界と関連するものではなかったのである。そこで私は、現実の世の中に起きている例をいくつか収集することを決心し、彼女に興味をもってもらうために、集めたものを『物理の曲芸飛行』と呼ぶことにした。徐々に、私はこの収集の数を増やしていった。

ほどなく、他の人がこの「曲芸飛行」と名付けた題材の資料を欲しがるようになった。最初はシャロンのクラスの学生たち、次に私の同僚の大学院生たち、その後は何人かの大学教員であった。メリーランド大学物理学科によって、この題材が研究報告書として出版されたのち、ジョン・ワイリー・アンド・サンズとの出版契約を獲得した。

その本は、私がクリーブランド大学の物理学教授になった数年後の一九七五年に出版され、そして一九七七年に改訂された。それ以来、一一に及ぶ言語に翻訳され世界中で出版された。本書はその本の第二版であり、完全に改訂され、デザインも一新された。

私が「曲芸飛行」の題材を書きはじめた当時、たった数ダースしかない研究雑誌を、一ページずつ探していっても重要な論文はほとんど見つけられなかった。実際、この事業を例えれば、不毛ともいえる山腹から金を掘り出すようなものだった。金塊などほとんどなく、見つけることは困難であった。

しかし、世界は変わった。現在では「曲芸飛行」の題材となりうる論文が毎年、何百編も出版されていて、前述の例えを用いれば、私は巨大な金鉱を見つけたことになる。そして今では、私が掘り起こすのはたった数ダースの雑誌ではない。約四〇〇の雑誌に直接目を通し、さらに検索エンジンを使って数百の雑誌を調べ分類するのだ。何日も何日も、私の指はコンピュータのキーボードの上をただ飛び回る。私は、私の見つける本当に不思議なものすべてを、シャロンが私の肩越しに見ることができるように願っている。この本があれば、そのチャンスがある。私の肩越しに見に来なさい。そうすれば物理は「あなたの生活と切り離せない」ことがわかるだろう。

◆『物理の曲芸飛行』のウェブサイト

本書に付随するウェブサイトは、www.flyingcircusofphysics.com に掲載されていて、そこには以下のものが含まれている。

・科学、工学、数学、薬学、そして法学の研究雑誌や書籍の一万を超える引用。引用は本書の項目に従って分類されており、難易度に応じて印がつけられている。
・ボーナス項目
・訂正、更新、そして追加の解説
・拡張した索引

◆「曲芸飛行」という名の由来

私は、問題集のオリジナルタイトルを、命知らずのパイロット（daredevil pilot）がぞくぞくする離れ業をする昔の航空ショーにちなんで付けた。そのような航空ショーは総称的に「曲芸飛行（flying circus）」で認識されていると思ったので、命知らずのパイロットというイメージに魅かれて、誰かが私の文章を読んでくれることを望んだのである。

後日、曲芸飛行という言葉はもともと電車であちこち移動するサーカスのことで、後になって、そのように動き回るドイツ製飛行機の名前となったことを知った。そしてこの言葉は、有名なドイツ人パイロットであるレッドバロンを連想させるようになった。彼は、第一次世界大戦で自分の飛行機を血のような赤色に塗り、空中で戦う相手のパイロットをおびえさせた。

「モンティパイソンの曲芸飛行」として有名なコメディー一行は、「曲芸飛行」という言葉を私が使った一年ほど後、イングランドに初めて登場した。その年、この名前は、大西洋両側の空中にまさに存在していたわけだ（「死んだオーム（dead parrot）の日課」というのは、完全にモンティパイソンのオリジナルであるが…）。

◆参考文献一覧

すべての引用は『物理の曲芸飛行』のウェブサイトに掲載されており、本書の項目に従って分類され、数学的な難易度に応じて印がつけられている。このサイトには一万を超える引用が含まれている。

◆私への資料送付

訂正、意見、新しい考え、そして引用文献を受け取ることを楽しみにしている。引用文献であれば、省略しない完全なものを送っていただければありがたいが、それが可能でない場合は、その一部でも断片でも興味深い。論文のコピーかウェブサイトのアドレスを、私に送ってくだされば最高だ。

概して私は、引用文献としてウェブサイトをリストアップしない。というのは、そのウェブサイトが活性状態のままかどうか、頻繁にチェックできないからだ。

私は常時教え、常時本書に取り組み、そして常時の二倍を費やして『物理学の基礎』の仕事をしている。これは多くの常時であるが、それでも私は有限でしかない。そのため、すべての手紙やメモに答えられない理由をご理解いただきたい。

◆クリーブランド州立大学

堅実な中規模の大学に行きたければ、オハイオ州クリーブランドにあるクリーブランド州立大学に来なさい。私はここで三〇年以上教えていて、（自然な形で少しずつ辞めていってしまうと聞くけれど）辞める気はもうとうない。私は小さなオフィスにいる教員で、研究論文に取り囲まれ、さらにもう一つの出版の締切に間に合わせようと、私の指はキーボードの上をしゃにむに飛んでいる。

◆教科書

本書の内容は、小学校で初歩の物理学や物理科学を学んだことを前提としている。本書と並行して読むべき、よい教科書を以下にいくつか紹介する。

・『ものの働き方：日常生活の物理学』（ルイス・A・ブルームフィールド著、ジョン・ワイリー・アンド・サンズ刊）、数学を用いない物理学入門。
・『物理学』（ジョン・D・カットネル、ケネス・W・ジョンソン著、ジョン・ワイリー・アンド・サンズ刊）、代数を用いた物理学入門。
・『物理学の基礎』（デイビッド・ハリデイ、ロバート・レスニック、ジャール・ウォーカー著、ジョン・ワイリー・アンド・サンズ刊）、微積分を用いた物理学入門。

◆謝辞

私には感謝したい人がたくさんいる。というのは、「すべての望みが絶たれた」と思ったときに彼らは私を励ましてくれたからだ。まあ、そう、それは理由の一部だ。残りの理由は、私が完全に取りつかれて「明日がないかのように働かねばならない」と考えたときに、多くの人が許してくれたことである。

ジャールとマルサ・ウォーカー（私の両親であり、私が一〇代のとき、息子は最後に成功するか投獄される身になるか悩んで、多くの眠れぬ夜を過ごしたにちがいない）、ボブ・フィリップ（私の高校の数学と物理の先生であり、私に新たな世界を開いてくれた）、フィル・ディラボア（教えることを私に始めさせてくれた）、ジョー・レディッシュ（『物理の曲芸飛行』のオリジナルノートをメリーランド大学物理学科から研究報告書として出版するための手助けをしてくれた）、フィル・モリソン（その研究報告書を本として出版することを勧めてくれた最初の人であり、『サイエンティフィック・アメリカン』にその本のよい書評を書いてくれ、おそらくこれがその雑誌の「アマチュア科学者」欄を執筆する一三年間の仕事につながった）、ドナルド・デネック（一九七〇年代初期におけるジョン・ワイリー・アンド・サンズの物理編集者であり、『物理の曲芸飛行』に対する最初の出版契約を提案してくれた）、カール・カスパーとベナード・ハンマーメッシュ（本の出版業績を重要視して私をクリーブランド州立大学の助教として雇用してくれた）、デイビッド・ハリデイとロバート・レスニック（自身が書いた教科書『物理学の基礎』を私が引き継ぐことを一九九〇年に許してくれた）、エド・ミルマン（どのように教科書を書くべきか教えてくれた）、マリー・ジェイン・サウンダーズ（クリーブランド州立大学理学部長であり、『物理の曲芸飛行』の本版が可能であると前向きに思わせる雰囲気をつくってくれ、多くの原稿ページを批評してくれた）、スチュアート・ジョンソン（ジョン・ワイリー・アンド・サンズの物理編集者であり、本書と『物理学の基礎』の多数の版について相談にのってくれた）、キャロル・ザイツァー（本書の原稿を通読し、多くの確かな修正をしてくれた)、マデリン・ルジュール(本書のデザイナー)、エリザベス・スウェイン(ジョン・ワイリー・アンド・サンズの制作編集者であり、本書の制作を担当してくれた)、クリス・ウォーカー、ヘザー・ウォーカー、そしてクレア・ウォーカー(成人した私の子供たちで、彼らの全生涯、私が執筆し教育することで頭がいっぱいであったことを許してくれた)、パトリック・ウォーカー(未成年の私の子供であり、地下室で仕事をした多くの年月を許してくれただけでなく、ロッククライミングジムでどのように出っ張りをつかんで壁を登るかも教えてくれた)、そして(誰よりも)マリー・ゴルリック(私の妻であり、本版に対して多くのアイデアを与えてくれ、私が「すべての望みが絶たれた」という叫ぼうとも、前進させ続けてくれた)。

◆場面ごとの物理学

・はじめてのデートで=1.57, 1.75, 1.122, 1.124, 2.51, 2.90, 4.78, 5.17, 5.19, 6.98, 6.122, 7.15, 7.16, 7.50
・パブで=1.110, 1.122, 1.149, 2.10, 2.24, 2.25, 2.51, 2.76~2.78, 2.87~2.91, 2.96, 2.108, 2.120, 3.27, 3.40, 4.24, 4.42, 4.60, 4.78, 6.98, 6.113, 6.130, 6.136, 6.138
・飛行機の旅で=1.17, 1.18, 4.53, 4.69, 5.34, 5.35, 6.10, 6.34, 6.35, 6.37, 6.44, 6.63, 6.91, 6.100, 6.105, 6.129
・風呂とトイレで=1.93, 1.193, 2.21, 2.23, 2.41, 2.60, 2.150, 3.67, 4.65, 4.66, 6.88, 6.99, 6.110
・庭で=1.132, 2.11, 2.80, 2.93, 2.94, 2.99, 3.25, 4.29, 4.57, 4.84, 5.32, 6.84, 6.92, 6.115, 6.118, 6.120, 6.121, 6.126, 7.38

読者の方々に、場合や場所を特定することによって、この他の問題分類を新たに考えていただきたい。

Jearl Walker

Department of Physics, College of Science, Cleveland State University

2121 Euclid Avenue, Cleveland, Ohio USA 44115

Fax: USA 216.687.2424

訳者の序文

本書は、ジャール・ウォーカーの著作、『物理の曲芸飛行』第二版（The Flying Circus of Physics, 2nd ed. by Jearl Walker, John Wiley & Sons, Inc., 2007）の抄訳である。

物理というと、一般の人にはなじみが薄い難解な学問で、実際の生活にはほとんど関係ないと思い込みがちである。しかし、著者の序文に書かれているように、じつは身のまわりのさまざまな場面で起きるほとんどの現象の黒幕が物理なのである。原著は、日常のここにもそこにも物理が潜んでいることを、多くの不思議とその謎解きを通して伝え、実感させてくれる世界的名著である。

身近な現象を支配している物理学は、古典物理学とよばれ、具体的には、力学、熱力学、電磁気学、光学などである。古典といっても、まだまだ解明されていない現象も多く、原著で取り上げられた問題によっては、さらに研究すれば新たな発見ができそうなものもある。著者の序文に記された原著のウェブサイトには、各項目に関連する莫大な数の文献が紹介されており、彼の博識に驚嘆するばかりである。それらは物理の専門家にとっても有益な情報である。

私が原著を初めて知ったのは、二〇〇四年八月にワルシャワで開催された第二一回理論および応用力学国際会議（ICTAM 2004）において、ハッサン・アレフ氏が自身の講演中に原著を良書として言及したときであった。今から思えば、それは本書の初版であったはずである。そして数年を経て私が入手したのは第二版であった。

アレフ氏の推薦どおり、日常の疑問を物理的に解き明かす、たいへん興味深い内容であることが、一見してわかった。私自身が以前研究した回転卵についても、逆立ちゴマとともに取り上げられていて、いつか日本にも紹介したい本だと思った。

後年、原著の初版はすでに邦訳されていることを知った。『ハテ・なぜだろうの物理学』（培風館、一九七九、一九八〇年）というタイトルのシリーズ三巻で、戸田盛和氏、田中裕氏、渡辺慎介氏による翻訳書である。そのため、私のようなもの一人が、新たに第二版を翻訳することに抵抗を覚えた。しかしながら、第二版は初版から大幅に改訂されており、また期せずして知人の加藤雄介氏より翻訳することを勧められたこともあり、慶應義塾大学出版会に相談したところ、第二版の抄訳を出版する運びとなったのである。

原著には、合計で七七八もの項目が取り上げられ、「ショートストーリー」を除くすべての疑問に解答が付けられている。いずれも多岐にわたる興味深い項目であるが、本書では、日本人にとっても比較的身近な九〇題を厳選して邦訳した（奇数ページの下に原著の問題番号を入れてある）。またそれらを、原著の物理学分野による章立てを変更し、おなじみの場所や事柄によって九つの章に分類した。著者の序文にある「場面ごとの物理学」の要請に応えたものである。そして、ページをめくるたびに、日常の身近な疑問が提示され、続けて、その背後に潜む物理が解説される構成とした。

翻訳にあたっては、著者の表現を尊重し、日本語の文章としては多少ぎこちなくても、なるべく原文に忠実な直訳を心掛けた。ただし、原文だけでは意味がよくわからない箇所については、「訳注」として【 】内に語句や文章を挿入した。また理解しやすくするために、原著にはない図を付加した項目もある。逆に一項目の内容が多すぎる場合は、その項目自体を抄訳したものもある。ただし、訳者の不勉強のため誤訳している箇所があるかもしれないので、その場合はご指摘願いたい。

本書の邦訳タイトル『犬も歩けば物理にあたる――解き明かされる日常の疑問』は、原著の内容をイメージできるよう、誰もが知っている有名なことわざをもじって命名した。原著では、なぜかアルマジロをマスコットとして、随所にそのイラストが使われている。しかし本書では、タイトルとなじむよう、シェットランドシープドッグ（シェルティ）にその役割を担わせた。私の愛犬、ナツである。

私は、ナツと散歩中に、夕空にぽっかり浮かんでいる赤くて大きな月を見てとても不思議に思ったことがあるし、急な雨に降られたとき歩くより走って帰ったほうが濡れないのか思案したことがある。読者の皆さんにも、不思議な物理の世界をナツとともに冒険いただければ幸いである。

最後に、本書の編集をご担当いただいた、慶應義塾大学出版会の浦山毅氏と岡田智武氏に謝意を表したい。一向に進まない翻訳作業を心棒強く見守り下さり、さらには本書を読みやすく親しみやすい書籍としていただいた。そして、原稿の校正に協力し、イラストの原画を作成してくれた私の家族にも感謝する。

二〇一四年　初夏

足下に寝そべるナツとともに　下村　裕

目次

第8章　生き物で　175

第1章　食卓で

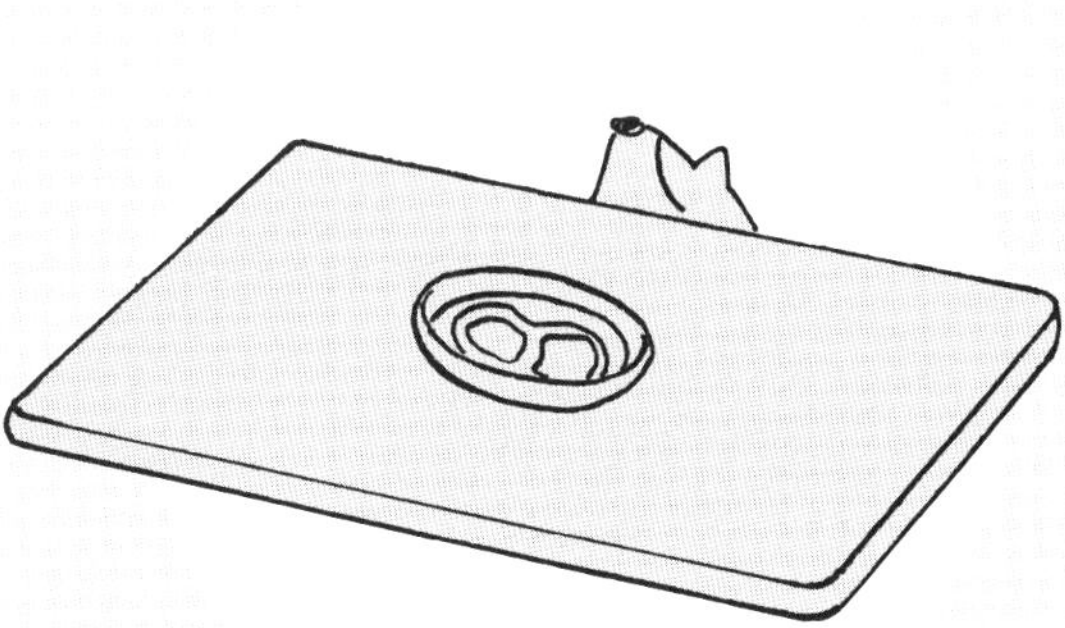

スパゲティを食べるとき、決まってソースが飛ぶのはなぜか？

一本の長いスパゲティ麺をずるずる吸い込んだとき、ソースをひどく飛ばしてしまうのはどうしてだろうか。この現象は、晩餐テーブルでのすばらしい余興になるだけでなく、紙のシートを引き込んだり（スパゲティ効果）押し出したり（逆スパゲティ効果）する装置の設計者が関心をもつものである。

次のように説明できる。麺が皿から離れたとき、何らかの横向き運動が起きると仮定する。麺を一定の速度で口に吸い込んだとき、自由に動ける麺の長さが減るにつれて、横向き運動に関する運動エネルギーはより小さな質量部分に集中することになる。もし運動エネルギーの量が変化しないとすると、横向き運動の速さは増える。麺の終端が口に近づいたとき、運動の速さは十分に大きくなっていて、麺にからんだソースが外向きに飛び散るのである。

これと両立するもう一つの説明は、角運動量に注目するものである。麺の自由に動ける端が、口の入口点のまわりに初めは回っていたとすると、この入口点に近づくにつれてより速く回らなければならない。これは、初め外向きに伸ばしていた腕を、内向きに縮めてスピンするアイススケーターにやや似ている。

スパゲティ効果は、ボタンを押すと自動的にケースに収まる金属製の巻尺でも観察される。テープの終端がケースに近づくにつれ、終端はムチのように横向きにしなり、人を傷つけることがある。使用説明書には、最後の部分はゆっくり引き入れることでこの問題を避けることができる、と書かれている。

なぜハチミツはトーストの上でらせんを巻くのか?

トーストの上にハチミツをたらすとき、うまく高さを調節すると、ハチミツは細い流れとなって、トースト上にらせんを巻くことができる（図1）。ハチミツ以外の液体も、うまくたらせば自分自身に巻きつく。たとえば、ケーキの生地を幅広くたらすと、前後に折りたたまれて、プレゼントを飾るリボンのようなひだをつくることができる。こうした振る舞いはどうして起きるのか。

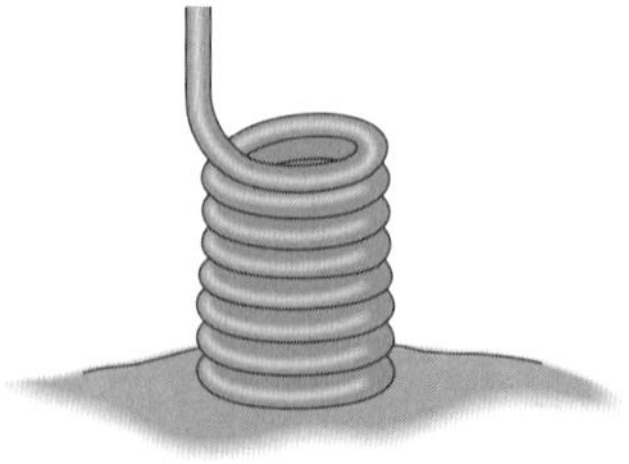

図１　ハチミツはロープのようにらせんを巻く。

らせんやひだをつくることができる液体は「粘弾性」をもつ。つまり、それらは粘っこくて伸縮性があるのだ。ハチミツを適切な高さからたらすと、次の二つの要因によって、らせんやひだができる。①ハチミツが、すでにトーストの上にできているハチミツ溜まりに到達するとき、速い落下速度と高い粘性のために、ハチミツはその溜まりの中に流れ込むことができない。だからハチミツは溜まりとの衝突によって急激に減速され、流れは下から押される。②流れは落下するにつれて細くなり、細い円筒形あるいは薄くて幅広いリボン状になって溜まりに当たる。ハチミツが十分に細ければ、下から押される力によってハチミツは片側に折れ曲がる。円筒形の流れは折れ曲がりつづけて円を描き、らせんを形成し、ときに内側が空洞になる。より幅広い流れは前後に折りたたまれる。一方に折れ曲がると、その粘着力が流れを中心まで引き戻し、こんどはそこで反対側に折れ曲がり、それが繰り返されるのだ。一般に、液体を高いところからたらすと、らせんやひだを一つつくる時間は短くなるが、高すぎるとこの効果は消失する。というのは、高すぎるところから液体を落下させると、滑らかに流れないで、容器から飛び散って流れるからである。

3

落ちるトーストはいつも、バターを塗った面を下に着地するか？

一枚のトーストがバターを塗った面を上にして、キッチンテーブルの端からはみだしている。このとき偶然、何かがテーブルにばたんとぶつかり、トーストは床に転げ落ちる。さて、この場合、マーフィーの法則（厄介なことが起きうるならそれは起きる）の一例として、トーストはいつもバターを塗った面を下に着地する、と考えがちだがそれは本当か。

もしトーストがテーブルから（強くではなく）軽く突かれる場合、床に着地する面は、三つの量を知っていれば予測できる。その三つの量とは、テーブルの高さ、トーストとテーブル端の間に働く摩擦量、そしてトーストの初期突出長（転げ落ちはじめるときトーストの重心がテーブル端からはみ出ている長さ）である。何かがテーブルにぶつかったとき、トーストの重心が動かされ、テーブルの端を越えると、トーストはその端のまわりに回りはじめる。また重心はその端を滑る。これら回転と滑りの両方が、トーストがテーブルの高さから床まで落ちつつ回転する速さを決める。この速さが、落下中にトーストを九〇度から二七〇度までのある角度回転させるのに十分であれば、トーストはバター面を下にして着地する。典型的なテーブルの高さと摩擦、そして普通のトーストパンの場合、短い突出長と長い突出長のある範囲ではバター面を下にして着地する。一方、中間的な突出長ではバター面を上にして着地する。さあ、自分自身で実験して確かめてみよう。

かき回したスープはなぜ最後に逆回りするのか？

トマトスープのような缶詰スープをかき回し、かき回し器具を取り除くと、なぜスープの旋回は止まる直前に逆転するのか。この様子を見るには、まず濃縮トマトスープの缶に少量（通常より少ない量）の水を加えて混ぜ、次にスープの表面に光を当ててかき回してみるとよい。

スープをかき回すとき、かき回し器具をスープ中で無理やり動かすことだけではすまず、スープのいろいろな層を無理やり互いに対して動かすことになる。「せん断」(shearing) とよばれる、この互いに対する運動は、スープの中にある、通常はグルグル巻きの長い鎖状分子をほどいてしまう。旋回とせん断が減ってくると、突然、分子どうしが引っ張り合ってグルグル巻き状態に戻り、あたかもスープが弾性膜のようになって、旋回の向きを逆転させるのである。

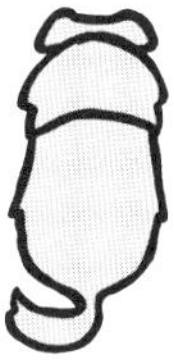

カップの紅茶をかき混ぜると、茶葉が集まってくるのはなぜか？

茶葉が底に散らばった紅茶のカップをかき回して、スプーンを取り除くと、茶葉はなぜカップの底の中央に集まるのか。茶葉は、まず中央をとりまく輪のような形になってから内側に動き、その直後に中央に達するが、それはなぜか。

オリーブ入りのマティーニをかき回すと、オリーブは旋回する液体とともにグラスの中心のまわりを回るが、固有（内部）軸のまわりに自転もする。自転の向きは、なぜ旋回の向きと逆になる傾向にあるのか。

アルバート・アインシュタインによって説明されたように、茶葉の動きはカップの中の紅茶の循環の様子を見せる。かき回すことによって、水は中心の鉛直軸のまわりに回転するので、水はらせん状に外へ広がる。すなわち、水の塊は、あたかも平坦な回転メリーゴーランドに乗っているかのように動くのだ。

しかしながら、ティーカップの中では、底面にある液体は摩擦によって減速され、カップ表面にある液体ほど勢いよく回転しない。したがって、らせん状に外へ動く傾向は表面で強く、底面では弱い。この差が「二次流」とよばれる循環系をつくる。液体は中心軸まわりに回る一方、紅茶表面で外側へ、カップ壁に沿って下へ、底面で内側へ、そして中心軸に沿って上に向かって動く(図2)。底面の流れが、茶葉を中心まで引っ張ってきて置き去るのだ。

アインシュタインが気づかなかったのは、スプーンが取り除かれてまもなく、茶葉が最終的に中心に集まる前に輪になることである。この輪よりも遠く外側にある茶葉は、二次流によって輪に引きずり込まれる。中心に近い位置の茶葉は、らせんを巻いて外側の輪に向かう。カップに入っている紅茶の回転が弱くなるにつれ、この輪の半径は小さくなり、茶葉は徐々に中心に向かい、最終的にそこで静止するようになる。

もし、カップをレコードプレーヤーのような回転する台に置いたとすると、カップ底面とそこにある液体との間の摩擦によって、底の液体は回転しはじめる。液体の回転は徐々に表面まで昇ってくる。その間、底の液体はらせん状に外側へ動く傾向にあるが、表面の液体はらせん運動はしない。その結果、二次流が形成される。紅茶は底面で外側へ、カップ壁に沿って上へ、表面で内側へ、そして中心軸に沿って下に向かって動くのだ。この流れは、スプーンによってかき回されてできる流れと逆であり、この場合、茶葉は最終的にカップ壁のちょうど下に落ち着く。

オリーブ入りのマティーニをかき回すとき、オリーブはグラスの中心付近にある高速の液体と、もっと外側にある低速の液体との両方に接している。したがって、オリーブを引きずる力は中心付近のほうがより大きく、オリーブが旋回流と逆に自転する原因となるのだ(穴を空けて詰め物をしたオリーブの質量分布も含めた多くの変数が関係してくるので、こうならずに、オリーブが液体の旋回方向に自転したり、でたらめな方向に自転したりすることもありうる)。

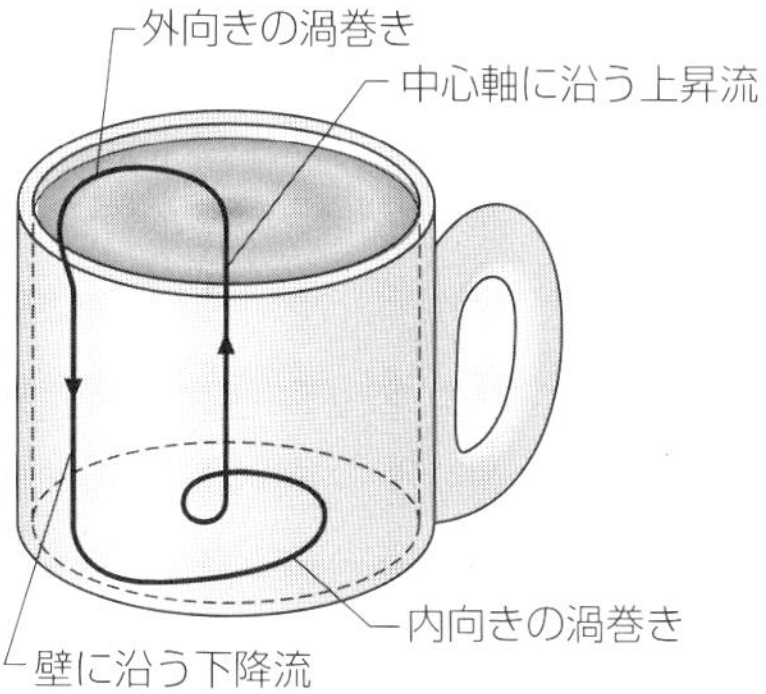

図2　かき回された紅茶の中にできる二次流

熱いコーヒーをやけどしないで飲めるのはなぜか？

やけどするほど十分に熱いコーヒーを、やけどせずに飲む（たぶんすする）ことができるのはなぜか。

熱いピザを食べることは、同じ温度の熱いスープを飲むことよりも、口をやけどさせる可能性が高いのはなぜか。

やけどの危険は、口の中に入る食物の温度に明らかに依存するが、それ以外にも、食物の量、食物が口に熱エネルギーを運ぶ効率、そして食物が口に接触している時間にもよる。運転しながら熱いコーヒーを持っているときに起こりうるように、熱いコーヒーを皮膚の上にこぼしたらやけどする。それでも、そんな熱いコーヒーでさえ安全にすることができる。こぼした場合、かなり多量の熱い液体が服をぬらしてとどまり、十分に長い間、皮膚と接触するので、相当な量の熱エネルギーが皮膚に運ばれるのだ。

それに対して、ひとすすりした場合は、ほんの少しの量の液体が口に入り、口の中のどんな特定の部分ともわずかな間だけ接触する。することには、さらに二つの効能がある。①空気を液体に混ぜることで、液体を冷ます。②液体を【小さな】液滴に分解することで、それらひとつひとつが口の中のどこに触れてもわずかな量の熱エネルギーしか伝えない。

とくに電子レンジで加熱したチーズはそうであるが、熱いチーズをともなった食物は、次にあげる二つの理由から、注意して食べてほしい。①チーズの表面がそれほど熱く見えなくても、チーズ全体は多くの熱エネルギーを持っている。②さらに悪いことに、チーズは口の中の上あご表面に密着し、チーズから口の表面へ大きな熱エネルギーを伝えることができる。数秒で口蓋がやけどし、何日もわずらうことが実際起きる。

コーヒーはどうすれば冷めにくくなるか？

一杯の熱いコーヒーを入れたが、すぐに飲みたくないとしよう。また、ミルクを入れてコーヒーを飲むとしよう。飲み始めのとき、できるだけコーヒーを熱くしておくには、ミルクをただちに加えるべきか、それとも飲み始める直前に加えるべきか。合間にかき混ぜるべきか。スプーンはカップに入れたままでよいか。金属製のスプーンには、プラスチック製のスプーンと異なる効果があるか。コーヒーが冷めていく割合は、マグカップの色が（あるいは液体の色さえも）黒か白かで変わるだろうか。

ここで落としてはならない三つの因子がある。①熱いコーヒーほど速く熱を失う（もしこれが唯一の重要因子なら、温度を下げて熱の損失を減らすためにミルクはすぐに加えるべきである）。②熱いコーヒーに冷たいミルクを加えると、混合物は中間の温度になる。ミルクを加えたとき、熱いコーヒーほど温度の減少は大きい（もしこれが唯一の重要因子なら、ミルクを加えるのは待ったほうがよい）。③ミルクが存在すると、たぶん、水の蒸発とそれに関連した熱の損失も小さくなる。

ある研究グループは、通常の状況下ではミルク入りコーヒーよりもブラックコーヒーのほうが約二〇％速く冷えるが、それはおそらく赤外線放射におけるちがいよりも三番目の因子によるものだろうと報告した。彼らはまた、もしミルクの温度が（たぶん冷蔵庫から取り出されたばかりで）室温より冷たい場合は、ミルクをすぐに加えるとコーヒーの温度が最も高くなることを発見した。しかし、ミルクが（まれではあるが）室温よりも温かい場合、ミルクをいつ加えればよいかは、コーヒーをどのくらい経ってから飲みたいのかも含めて多くの因子に依存する。したがって、一般的にミルクはすぐに加えるのがよい。

かき混ぜると液体は速く冷める。なぜなら、熱い液体を表面まで運んで蒸発させるからだ。金属製のスプーンがカップの中に残っていると、それを伝って熱が逃げてしまう（「放熱板」【heating finの意訳】のように振る舞う）が、プラスチック製のスプーンならおそらくほとんど影響しないだろう。

色の問題は、物体の表面からどのくらいの割合のエネルギーが放射されるかに関与する。可視光領域では、白い表面は黒い表面よりも多くのエネルギーを放射するが、マグカップの表面（あるいは液体そのもの）からの放射による主たる熱損失は赤外領域にある。赤外領域では、黒と白の表面は同じくらい放射するので、マグカップの色は重要でない。

コーヒーカップの蓋やコーヒーに浮かんだホイップクリームの層は、長い間、コーヒーを熱いままに保つことができる。なぜなら、それらが蒸発とそれに関連する熱の損失を小さくするからだ。

8

マグカップをたたいて出る音は、お湯よりもインスタントコーヒーのほうが低いのはなぜか？

コーヒーのマグカップに熱い湯を注ぎ、指の節でカップの底を軽くたたくか、湯の中にスプーンを入れてかき混ぜながらカップの内側を軽くたたいてみよう。そのとき、振動数【音の高さ】に注意。その後、粉末インスタントコーヒーのような粉を加え、また軽くたたいてみよう。こんどは、振動数はずっと下がるが、数分経つと元の値まで上がってくる。いったん振動数が低下し、その後に上昇するのはなぜか。

マグカップをスプーンでたたくと、カップの壁はある振動数で振動し、円柱状の水には瞬間的に音波が発生する。ここでは、後者の音波に関心があるので、前者の振動を最小限に抑えるために、カップの底を指の節や柔らかな器具でたたくことにする。発生する音波の中には、閉じた下部と開いた上部の間にある円柱状の水にぴったりと適合する固有の波長をもつものがあり、いわゆる「共鳴」が起きる。これらの音波はお互いに強め合い、全体として大きな波をつくる。カップに入った水から音として漏れ聞こえてくるものがあり、その振動数は水が入ったカップの「共鳴振動数」とよばれる。

　共鳴振動数は、円柱状の水の高さと、水中を伝わる音の速さに依存する。どんな物質でも、その中を伝わる音の速さは、物質の密度と圧縮性（どのぐらい圧縮できるか）に依存する。密度が高くなると音の速さは速くなるが、圧縮性が大きくなると音の速さは遅くなる傾向にある。水中では、音波の速さは秒速一四七〇メートルほどである。

　粉が水に加えられると、粉の粒子の表面に気泡ができる（空気は、すでに水に溶けているか、さもなければ、粉が水に入るときその粒子に付着する）。泡はさほど大きな体積を占めない（カップのふちにそって水面が上がることはない）ので、泡が水の密度を大きく変えることはない。しかし、泡は水の圧縮性を大きく増加させるので、水中での音の速さが減少し、そのため共鳴振動数が下がる。こうして、粉が加えられたとき、聞こえる振動数は下がるのである。

　泡のほとんどは徐々に上昇していくので、水の表面に到達して空中にはじける。泡の数が減っていくにつれ、振動数は上がっていくので、粉が加えられる前の値まで戻る。このテーマに関する最良の論文ではコーヒーの代わりにホットチョコレートを扱っていたので、この振動数の変化は「ホットチョコレート効果」として一般に知られている。この効果は、ビールの入ったグラスに塩を入れたり、かき混ぜたりしても生じるが、泡状のビール上部を取り除かないと音を聞くことはできないだろう（そのうえ、ビールに塩を入れるのはそれだけで愚かしい）。

なぜワインは涙を見せるのか?

ワインや度数の低い(低プルーフ)ウォッカのような強いアルコール飲料が入ったグラスの内側では、なぜ液面の上の部分に「しずく」(「強いワインの涙」といわれる)が形成され成長し、そしてグラスの壁を滑り落ちてくるのか(図3)。

図３　強いワインでは、液面の上の部分に「涙」が現われる。

通常、水面は飲用グラスの壁を少し登る。それは、①グラス分子が水分子を引き付け（二つの物質間に「付着力」が働く）、②水分子がお互いを引き付ける（水内部に「凝集力」が働く）からである。だから、グラス壁に隣接する水は付着力によって壁に沿って引っ張り上げられて膜を形成し、その水はより多くの水を凝集力によって引っ張り上げる結果、グラス壁の近くの水面は湾曲する。

ワインの場合、ワインの液膜はずっと高くまで登る。なぜなら、登る膜の表面張力とワイン本体のそれとが異なることからくる、ある特性が加わるからだ。液体の表面にある分子たちはお互いに引き付け合い、ともに引っ張り合うので、表面には張力がかかる状態となり、その結果、「表面張力」は表面に起因する。水の表面張力はとても大きいが、アルコールと水の混合液の表面張力は小さい。混合液の層がグラスの壁を登りはじめると、アルコールはすばやく蒸発して、壁には主として水の膜が残る。その水の表面張力は、アルコールと水の混合液のそれよりもずっと大きいので、液体本体は強く引っ張り上げられ、壁上の層の中に入り込む。層は厚くなり、グラスとの付着力によって層の上端はより高い位置まで引き上げられ、水だけの場合に比べてワインの膜は高く登ることができるのだ。

登る膜にかかる下向きの重力が、登る膜の高さに制限をかける。膜からアルコールが蒸発するにつれて、残った水の表面張力で、水がしずくの中に引っ張り込まれがちになる。しずくは最初、付着力のために壁にしがみついているが、最終的に大きくなりすぎると突然自由になって、しずくは液体の中に滑り落ちてしまう。しずくは、飲料が薄すぎないか、あるいは濃すぎない場合にできる。飲料は、液体本体と登る膜との間で異なる大きさの表面張力が相互に作用する、アルコールと水の混合液でなければならない。

ある領域と別の領域で表面張力が異なるために流体が移動するとき、その運動は、初期の研究者の一人の名前にちなんで「マランゴニ効果」とよばれる。マランゴニ効果は、固体表面を大きく広がることのできるしずくがある理由を説明する。目に見える広がりよりも先行してまずたいへん薄い層が広がり、その層の中ではしずくよりも早く蒸発が起きているのだ。強いワインの涙のように、薄い層からの蒸発で、その層の中に残った液体の表面張力が増えると、残りのしずくから層の中へ液体が補充されて、しずくが固体表面を広がっていきがちなのだ。

10

ワイングラスの縁を擦ると音が出るのはなぜか？

ワイングラスやその他多くの形態の飲料グラスの縁を濡れた指で擦ると、グラスに歌わせることができる。何が音を出すのか。

指がグラスの縁を擦っているとき、指と縁は連続して、「粘着」（スティック）と「滑り」（スリップ）を起こす。粘着の局面では、縁が、指の動く方向へほんの少しだけ引っ張られて変形する。滑りの局面では、縁が、指から離れて元の形に戻ろうとして振動する。最も強い振動は「共鳴」とよばれ、その場合、縁はグラスの上から見た図4に示されたように振動する。この振動パターンは縁を回る指の後を追って生じ、音に脈動を与える（つまり、振動パターンは縁を擦る指の速さに依存して数ヘルツの振動数で行ったり来たりする）。縁が空気を押す振動数と耳に聞こえる振動数は、縁の厚みにほぼ比例し、グラスの開口端での半径の二乗に逆比例する。したがって、厚い縁と小さな径のグラスは振動数が一般に高くなる。グラスに液体を注ぐと、共鳴振動数は低くなる。それは、液体の質量が、グラス壁が振動できる速さを遅くするからだ。

中の液体の高さをいろいろ変えたグラスを並べて（液体の高さを変えることでグラスを調律できる）、音楽を演奏することに熟練した音楽家がいる。アメリカ初期の著名な発明家であり政治家であったベンジャミン・フランクリンは、歌うワイングラスのアイデアを発展させて、グラスハーモニカ【アルモニカ】をつくった。とても人気が出たこの楽器は、水平な心棒に複数のグラスの縁を通したものであった。その複数の縁は左端のものを最大として直径が少しずつ変えられていたので、フットペダルを漕いでグラスの縁を回しながら、グラス上で音符を奏でることができた。演奏家は濡れた指を縁に押し当て、回る縁を指で擦るのだ。

擦ったとき音をまくしたて、振動する、他の風変わりな楽器をつくることができる。中国の真ちゅう製の「魚洗鍋」はもっとも魅力的なものの一つである。鍋に一部水を入れ、その取っ手を乾いた手で擦る。そうすると、鍋はとても力強く振動し、五〇センチメートルもの高さの水しぶきを上げることができるのだ。

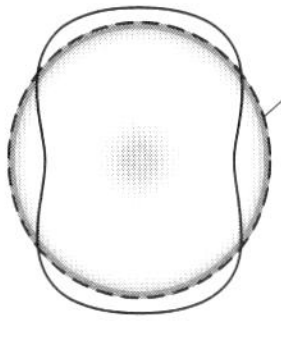

図4　振動するワイングラスの縁を上から見た瞬間を誇張して描いた図

ジョッキのビールが実際より多く見えるのはなぜか？

ビールジョッキがしばしば厚く先細りした側壁と厚い底でできているのはなぜか。このデザインは、一つには「いい重量感」という感覚のためであろうが、ジョッキに実際の量よりも多くのビールが入っていると錯視させることができる。どのようにしてそうさせるのか。

ジョッキの厚い壁が錯覚を起こすのは、ビールから出た光がグラスを通って空気中に出るときに屈折するからである。たとえば、ビールのもっとも左側から出た光はグラス表面で曲げられて、眺めるジョッキの中心方向に向かう(図5)。その光をあなたが見たとき、あなたは頭の中で、光の線をジョッキの後ろに真っ直ぐに伸ばし、実際よりもっと左から出たと結論する。だから、ジョッキに実際ある量よりも多くビールが入っているように見えるのである。グラスの厚みと湾曲によって、ビールの見かけの深さも変えることができる。極端な場合、ジョッキ中にある実際の量は見かけの半分しかないことがある。

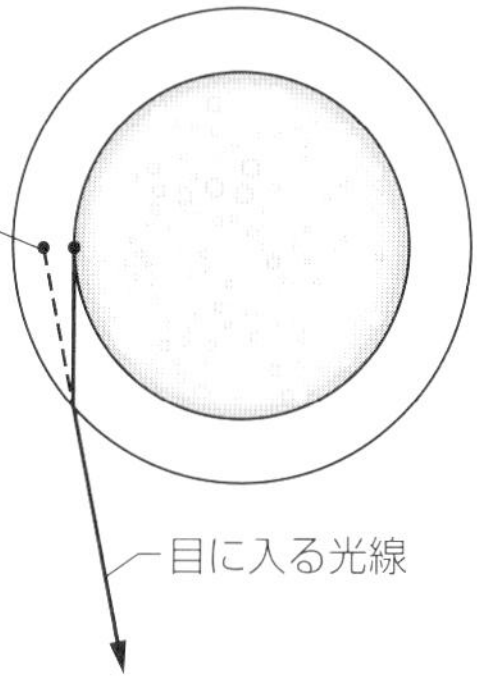

図5 「割増」の錯覚を与えるビールジョッキを上から見たところ

缶は液体が入っているときのほうが安定して立っているか？

炭酸飲料やビールの缶がテーブルの上で安定して立っていられるかどうかは、ふつうに立っている（通常の静止）位置から、倒れはじめる（テーブルと接触している端の真上に重心がある）ところまで、缶を傾けるのに必要なエネルギーの量で測ることができる【図6a】。満杯の缶は空の缶よりもいくぶん安定しているか。最も安定な状態となる液体のある特別な高さがあるのだろうか。この問題が重要となるのは、揺れる飛行機内や列車内にたまたまテーブルがある場合や、バーテンダーがカウンター上で缶を滑らせようとした場合である。

杯に満たされた缶は、空の缶よりも安定である。重心はどちらも缶の高さの半分のところにあるが、満杯の缶には余分な質量があるので、横倒しになるところまで缶を傾けるのにより多くのエネルギーが必要となるのだ。

缶から中の液体を徐々に減らすとき、缶の安定性は三つの要因に影響される。まず、重心の位置は、液体の量が減るにつれ下がり、液体の表面が重心の位置に届いた時点で上がりはじめる。次に、液体の質量は、液体が減るにつれて減っていく。そして最後に、残っている液体は、缶を傾けるとき、その上面がテーブルと水平を保つように流れる。これらの要因を考えると、中の液体の高さが缶の半径よりもわずかに大きいとき、炭酸飲料やビールの缶は最も安定することがわかる【図6b】。

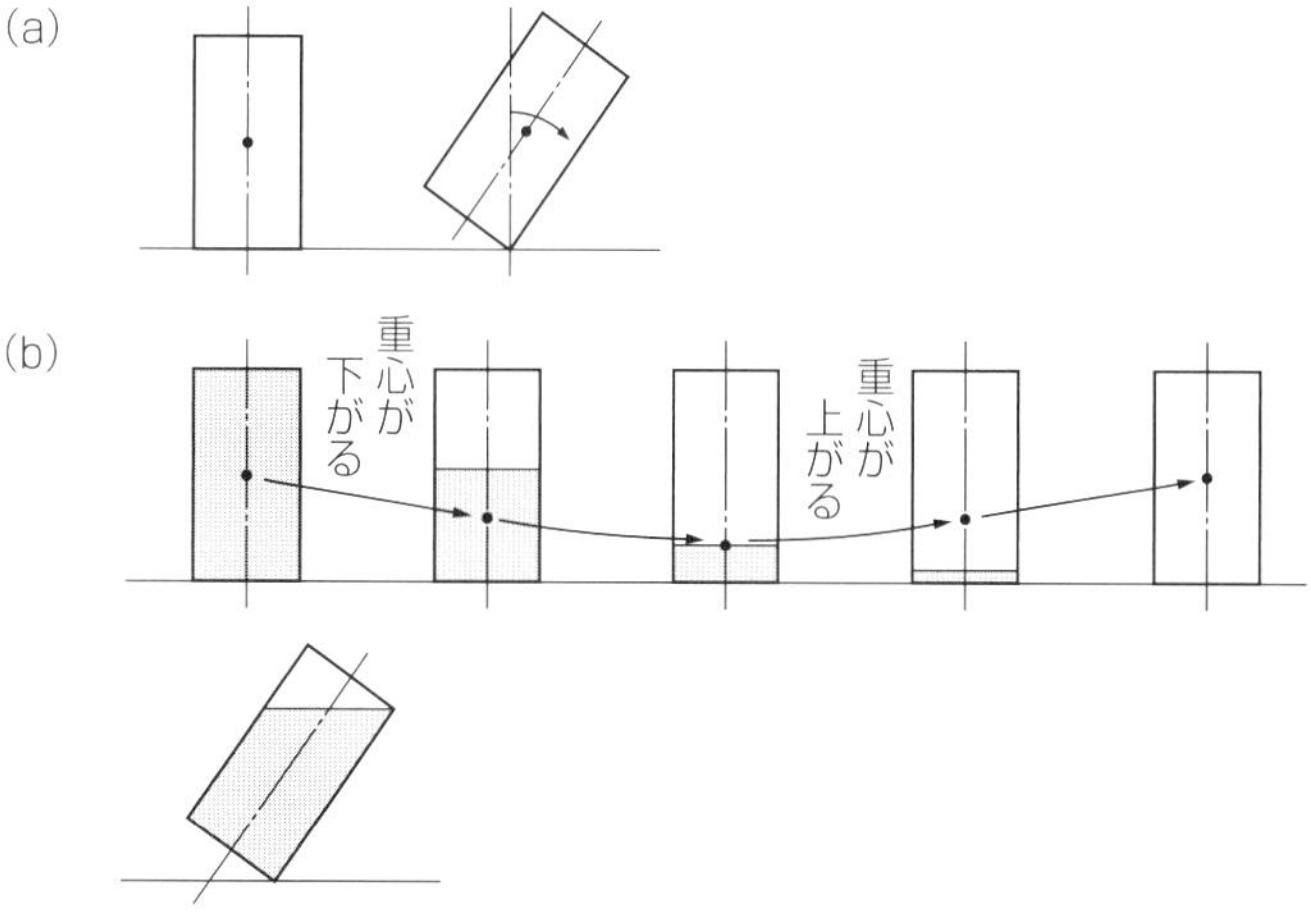

図6 (a) 缶が倒れはじめる状況
(b) 液体量による重心の高さ変化とつねに水平な液面

第2章　台所で

卵の黄身が入るとなぜメレンゲができないのか？

メレンゲパイをつくるときは、まず卵白を少し硬くなるまで泡立てる。次に少量の砂糖を加えて、また泡立てる。あとはそれをパイの中に入れて焼けば、できあがりだ。

このとき、ごくわずかでも卵黄を加えてしまうとメレンゲをだめにしてしまうのはなぜか。なぜ卵白を泡立てるのか、なぜ泡立てると硬くなるのか。そして、なぜ泡立てすぎるとメレンゲをだめにしてしまうのか。

卵白はいくつかの種類のタンパク質からできていて、複雑な三次元構造をした巨大分子である。卵白を泡立てる目的の一つは、分子内部で比較的弱く結合している部分をいくらか壊して、巨大分子を部分的にほぐすことである。比較的弱い結合とは、「イオン結合」（反対符号の電荷がお互いを引き付ける）、「ファンデルワールス力」（分子中のある場所で正負に分離した電荷が近接する場所で正負に分離した電荷を引き付ける）、そして「水素結合」（水素が仲介役となって二つの原子をはなれないようにする）である。タンパク質は、いったんほどけると、お互いにくっつき合って網目構造をつくる。

卵白を泡立てるもう一つの理由は、この網目構造の内部に空気を取り込むことである。卵黄が加わるとデザートがだめになってしまうのは、卵黄が重すぎるのと粘性が大きすぎるために、十分に空気を取り込むことができないからである。コックが望むのは、気泡をたくさん含んだメレンゲをオーブンの中に入れ、加熱によって気泡を膨らませてデザートをより一層、軽くすることである。もし卵白をうまく泡立てることができれば、卵白の網目に結合した薄い水の膜によって気泡が閉じ込められる。これらの膜は膨張する気泡とともに広がるので、空気はメレンゲの中に入ったままとなる。しかし、もし卵白が泡立てられすぎた場合は、タンパク質から水が出て分離してしまい、網目構造が固くなり（強固な結合となり）すぎて、オーブンの中で網目がうまく膨張できなくなる。すると、気泡は単にはじけるだけで、メレンゲにはならない。コックにとっては悪夢だ。熟練したコックは、泡立てすぎを避けるために、卵白がきらめきを失って今にも水滴を形成しようとするときに、泡立てを止める。

銅製のボウルで卵白を泡立てると、卵白の硫黄成分と結合するかたちで、銅原子の一部が卵白に取り込まれる。この硫黄成分はタンパク質の網目中で結合できないため、網目構造がそれほど固くならず、水が絞り出されることを防ぐのだ。

なぜ棒で米びつを持ち上げられるのか？

生の米や穀物が入った容器にしっかりと棒を押し込む。このとき、棒を奥に押し込むのに、急に大きな力が必要になる。棒が容器の底に近づくにつれて要する力はとても大きくなり、少し動かすにも棒をドンドンとたたかなければならない。それはなぜか。

棒を適当な深さまで押し込んだら、数分間、容器を軽くたたくか、そっと振ってみよう。そして外に出ている棒の端を持って引っ張り上げると、米の入った容器ごと持ち上げることができる。それはなぜか。

これらの効果に初めて気づいたのは、ずっと以前に商人と客が中身を確認するために穀物の入った袋に竿を突き入れていたときだった。棒を、たとえば米の入った容器に押し込むとき、棒にかかる摩擦が大きくなる理由は二つある。①より多くの穀物が棒を押す。②深い位置にある穀物は浅い位置の穀物の重さを支えているので、より強く棒を押す。こうして、棒を押し込むにつれて棒の動きに逆らう摩擦の合計が増えるのだ。

棒が容器の底に近づくにつれ、摩擦が増す速さはさらに上がる。この効果は十分に解明されていないが、妥当な推測として、穀物を並べ替えることに抵抗する大きな力は「穀物のアーチ」に起因するという説がある。つまり、穀物がアーチ状の構造に組み込まれ、棒の動きに抵抗するというのだ（アーチ状の建造物が強くなりうるのとまさに同じように、穀物のアーチも強くなりうる）。

棒を押し込んでから、容器を軽くたたいたり、揺すったりすると、米【穀物】はぎっしりと押し固められる。とくに棒のまわりはぎゅうぎゅう詰めになる。棒を引き上げようとすると、穀物と棒の間に働く摩擦が棒をしっかりとつかむ。棒を取り囲む穀物もぎっしりと押し固められ、穀物どうしはお互いにしっかりと捕まえあう。容器壁の近くにある穀物も強く壁にしがみつく。だから、棒と穀物と容器がすべて一緒に固定されることになるのだ。しかしながら、もし、棒や容器がとても滑りやすかったり、容器を軽くたたいても米【穀物】が所定の位置に押し込まれなかったりした場合には、床に落ちた大量の米【穀物】を拾うはめになるだろう。

加減しながらゆっくりと、十分大きな力で棒を引き抜いてみれば、棒が米から受ける力が周期的に変化していることがおそらくわかるであろう。この変化は十分に解明されていないが、たぶん棒の近くの「穀物のアーチ」の生成と崩壊に起因すると思われる。

蓋のない容器はどの向きに浮くだろうか?

食品や飲料を入れる、蓋のない容器は、水の上で真っ直ぐ上を向いて浮くだろうか、それとも傾いて浮くだろうか。断面が正方形の長い棒は、図7に示された、どちらの浮き方をするだろうか。

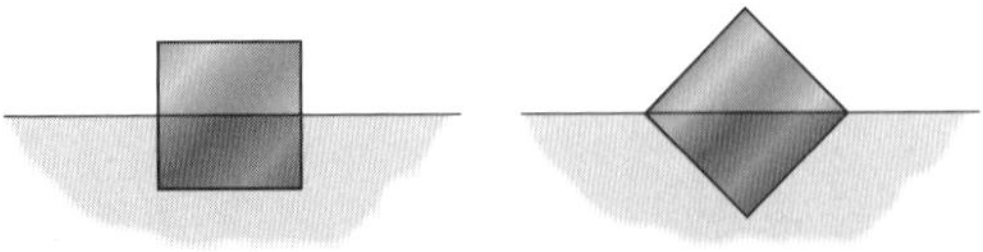

図7　浮いている角棒の2つの向き

物が浮いているとき、物体にかかる上向きの浮力は下向きの重力と釣り合っている。容器がうまく浮いていれば、一般に多くの向きで釣り合うことができる。しかし、浮力が容器を回転させる原因になるという点で、ほとんどの向きは不安定である。結果として残る向きを説明することは一般に難しいが、流しや浴槽を使えば調べることができる。ここでは結果の例をいくつかあげてみよう。ずんぐりした容器は（底面を下にして）真っ直ぐ上を向いて浮くが、細長い容器は傾いていって、おそらくひっくり返る。浮いている軽い容器に水を徐々に加えていくとき、たぶん最も奇妙な振る舞いが見える。容器は、空で真っ直ぐ上向きの状態からから徐々に傾き、その傾きは増えていく。そしてその後、まさに沈もうとするときに容器がまた真っ直ぐ上に向き直るまで、傾きは減っていくのだ。

角棒の場合、その向きは、液体の密度に対する棒の密度の比による。棒は浮くので、この比は一より大きくはならない。比がほぼ〇のとき、【液体に比べて】棒はたいへん軽いので、ほとんど液体の中に入らず、底面を水平にして浮く。液体の密度を徐々に減らしていくと、棒はだんだん液体の中に沈み込むが、底面を水平にして浮き続ける。しかし、比が約〇・二一に達したとき棒は傾きはじめ、比が約〇・二八になったとき棒は側面を水平から四五度傾けて浮く。

液体の密度をさらに減らしてみよう。比が約〇・七二に達するまで傾きは変わらないが、その後、棒の傾きは減りはじめ、比が約〇・七九になったとき、また底面が水平になる。比が一になると、棒は完全に液体の中に潜り、底面は水平のままである。

16

熱湯と温水ではどちらが速く温度が下がり氷になるか？

私が『サイエンティフィック・アメリカン』誌に書いた記事の中で最も物議を醸したのは、昔からある疑問に関するものであった。蓋のない同じ二つの容器に等量の水が入っているが、その水温は異なっていて、一つはとても熱く、もう一つはそれより温度が低いとする。その後、これらの容器を、同じ冷えた環境に置いたとき、どちらが先に凍るだろうか。驚いたことに、ある状況では、初めに熱かったほうの水が先に凍るのだ。

この結果は、アリストテレスと、寒い土地に暮らす人々には知られていた。しかし科学者は一九六〇年代まで、この結果の正当性をたいそうばかにしていた。そのころ、タンザニアの高校生、E・B・ムペンバ（Mpemba）が彼の高校教師に尋ねた。熱いアイスクリーム混合物をフリーザーに入れて凍らせるのに、初めに室温まで冷ましてから入れるよりは、熱いままでフリーザーに入れたほうが速く凍るのはなぜか、と。その教師は、ムペンバが水を用いてこのことを実証するまで、この主張を信じなかったが、現在、この結果は「ムペンバ効果」として知られている。

初めに熱湯だった水のほうが、初めに温かかった（場合によっては冷たかった）同量の水よりも、速く冷めてすぐに凍ることがありうるのはなぜか。

この効果の正当性に対する反論の一つは、常識に基づいている。もし水Aが水Bよりも熱い状態からスタートし、先に氷になる競争に勝つとすると、ある時点で水Aは水Bと同じ温度にならなければならない。同じ水なら、温度が一致してから、水Aも水Bも同じ割合で冷えていくのではないか。この議論の一つのまちがいは、水中には温度の幅があって、それぞれの水に一つだけの温度を割り当てることができないということである。したがって、ムペンバ効果を確認したり否定したりするためには、もっと完璧な調査が求められる。

実際に、説得力のある確認や否定はまだ行われていない。その理由はおもに、関連する変数が多いからだ。たとえば、通常の冷凍庫における気流と温度の変動によって、実験のたびごとに冷却率が変化し、ムペンバ効果が誤って解釈されかねない、信頼のおけないデータが出るのだ。だから、制御された条件下で多くの試験を行う必要がある。必要条件を満たそうと試みた多くの研究者は、制御された状況下でムペンバ効果を一見実証したように見えたが、その原因に関して一致した見解には達していない。ここにその要点をいくつか列挙する。

(1) 初めの熱湯が蒸発するうちに、質量とエネルギーは大きく失われる。もし容器を覆って、蒸発を防いだら、ムペンバ効果は消失するように見える(しかし特殊な状況下では、蒸発しなくてもムペンバ効果が依然として起きる)。

(2) 水は四℃から氷点【一気圧の下では〇℃】まで冷えながら、密度を奇妙に変化させる。ほとんどの液体とは異なって、水はこの温度降下の最終段階で膨張するのである。だから、水の温度が四℃を下回ると、冷たい部分は軽くなるので上昇し、わずかに暖かい部分は密度が高いので下降する。こうして水が混ざり合うことによって、わずかに暖かい水は容器の壁に沿って覆いのない水表面まで上昇し、そこで熱エネルギーを失う。実験によると、この混ざり合いは、初めに熱い水のほうが顕著である。したがって、初めに熱い水のほうが最初に氷点に達するのは、主としてこの混ざり合いと温度降下のラストスパートによるものである。

(3) 水は「過冷却」(氷点よりも下の温度まで冷えること)を起こし、その後に突然、氷が形成されはじめる。初めに冷たかった水は、初めに熱かった水よりも低い温度まで過冷却し、そのため氷を形成するのに、初めに熱かった水より時間がかかる。

食品用ラップフィルムはなぜ容器にくっつくのか？

プラスチック製の食品用ラップフィルムでグラスやプラスチック製のボウルを覆い、ラップをその縁に押し付けると、なぜ食品用ラップフィルムはその場にくっつくのか。ときどきテレビのコマーシャルで見るように、あなたは中身をこぼさずにボウルを逆さまにすることさえできるかもしれない。

17

プラスチック製の食品用ラップフィルムは、箱のロールから引き出した一部がたぶん帯電している。電荷は製造過程で残されたものである。過剰に電子がある場所は負に帯電し、電子がない場所は正に帯電している。正負の反対符号の電荷をもった部分は、お互いに引き付けあう。これは、ラップフィルムが自分自身にくっついたり（して、もう使えない）、ロールに巻き付いたりする理由の一つである。

食品用ラップフィルムをボウルの縁にくっつけると、いわゆる「接触帯電」によって、二つの表面間を電荷が移動する。たとえば、ラップフィルムはボウルの縁にあった電子のいくらかを自分のほうに引き寄せ、ボウルの縁の一部を正に帯電させる可能性がある。負に帯電したラップフィルムと正に帯電したボウルの縁とは、お互いに引き合うことになる。

さらに、「ファンデルワールス力」とよばれるある種の分子間引力が、ラップフィルムとボウルの縁との間に働く。この力は電気的相互作用によるものであり、片方の面の一つの分子中に生ずるごくわずかな正負の電荷分離が、もう片方の面の最も近い分子中に似たような電荷分離を生じさせる。それぞれに電荷分離した分子は「電気双極子」とよばれ、二つの面上の双極子はお互いに引き付けあう。この力は弱いけれど、ラップフィルムをボウルの縁にくっつけるのに役立ったり、ラップフィルムを自分自身に巻き付ける原因になったりしうる。

流しに落ちた水はなぜ水位が急に上がるのか？

蛇口からなめらかに流れる水が、排水口のある平らなシンクに当たるとき、その地点に、【内側が浅く外側が深い、水の円ができるのはなぜか。

蛇口から流れる水がシンクに当たるとき、水は放射状に広がり、水上を伝播する波よりも水のほうが速いので、広がる速さは「超臨界」といわれる。当たった直後は、どんな偶然の乱れもすぐに取り除かれて、水流は安定している。しかし、流れが外側に広がるにつれて水の粘性が効果を及ぼしてきて、水流は不安定になる。ある説明によると、粘性流【粘性効果の大きい流れ】はシンクの底面で始まり、だんだん上に伸びていく。粘性流は、水が当たった地点を中心としたある半径のところで水面に達し、水の深さが突然増える。これは「跳水（水位急上昇）」として知られる効果である（図8）。この壁を越えると、水流は「亜臨界」といわれる速さに減速する。このように、跳水とは、速くて浅い流れから遅くて深い流れへの遷移（切り替わり）である。

跳水は、私有車道【家の車庫から道路までの車道】、歩道の縁石沿い、地下の排水管、傾斜のついた灌漑用水路などで、よく目にする水の流れにしばしば現われる。流れの中に、とくに障害物が横たわっている流れの中に、動かない波（定常波）を探そう。波は、水が障害物を越えたりそばを過ぎたりして流れるとき、つくられる。このような波の多くは、単にエネルギーを失って消えるのだが、ある特別な波長の波は水が下流に流れるのと同じ速さで上流にも伝播するので、動かない。障害物は絶え間なく水を乱して、波にエネルギーを与えつづけるので、波は存続できる。この場合、シンクで見た一つの水の壁の代わりに、定常な山と谷の繰り返しが見えるかもしれない。高速水流における跳水は、急流の筏下りに対して深刻（あるいは致命的）な問題を起こしうる。というのは、跳水のところで筏の身動きがとれなくなり、乱流によって筏がひっくり返ることがありうるからだ。

もし台所のシンクにできた跳水のちょっと上流に水滴を注意深くたらすことができたなら、水滴は跳水の壁に捕えられ、流水によって空気が水滴の下に絶えず引き込まれるので、（単に水と混ざらず）長い間、水滴は浮いたままとなる。

不凍液（エチレングリコール）のような粘性の大きい流体が流れるときは、円形の跳水ができうるけれど、それは、まっすぐな辺とするどい角をもった多角形の跳水に自然と変形することも可能である。

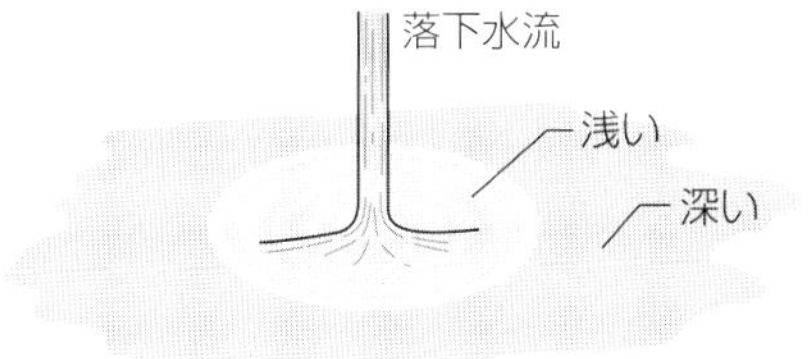

図８　水流がシンクに当たる周辺にできる水の円形壁

なぜ流体は、ものにまとわりついて流れるのか？

流体（液体や気体）が空中にある固体表面近くを流れる場合、なぜ流体は固体表面のほうへ流れを曲げ、固体表面にくっつこうとするのか。この現象は、台所のシンクで蛇口から流れる滑らかな水に、何か曲がった表面をもった物体を近づけてみれば、簡単に見ることができる。たとえば、ガラスびんを水平に持って、曲がった表面の上部に水が当たるように近づけてみると、水はびんの側面を伝わって落ちていく（図９ａ）。水流はびんの表面によくくっつき、びんの底を回って反対側のほとんど上部まで登りつめることができる。こんどは、棒を斜めにして水流に入れてみよう。流れの速さを調節すると、水流は棒にまとわりつき、棒のまわりに数回、らせんを巻いてから下に落ちる（図９ｂ）。

へっぴり虫は、アリに挑発されると、熱くて（一〇〇℃の）有毒な泡や霧を放出する。よく見られるへっぴり虫（ホソクビゴミムシ属）は、砲塔のような腹端を回すことによってジェット状の霧を噴射することができる。もし仮にアリがその虫の前足を攻撃してきたら、腹端は下前方に向けられその足下をねらう。アリは、濡れるとすぐに走り去っていく。ヒゲブトオサムシ科の甲虫はあまり見かけないへっぴり虫であるが、これらは可動な腹端をもっていないので、霧を後方か側方にしか放出できない。それでも、前方や前足の上にいるアリでさえ巧みにねらうことができる。これらの甲虫はどのようにして、前に放出できない霧を前方に向けて撃つことができるのだろうか。

流体が固体表面のほうに引かれていって、やがてくっつく現象は、その発見者であるルーマニアの工学者、ヘンリ・コアンダにちなんで「コアンダ効果」とよばれている。水が固体表面の適度に近いところを流れているとしよう。水流は空気を巻き込む、すなわち、水が近くの空気分子を捕まえ、流れと一緒に移動させるのだ。そのため、空気分子が取り除かれ、そこに（流れから遠いところにある）空気分子が流れ込んでくる。だが、固体表面によってこの流れ込みが阻害される。その結果、水流と表面との間の気圧は減る。水流の向こう側にある空気の圧力は大気圧のままなので、水流は表面のほうに押され、くっつくようになる。この現象は、たとえ固体表面が本来の水流方向から曲がってそれていたとしても持続する。

ヒゲブトオサムシ科の甲虫は、霧が放出される腺開口部のちょっと前にフランジ（つば形構造）を有している。霧を前方に撃つために、開口部の位置が調整されて、霧がフランジに当たる。霧はコアンダ効果によってフランジの湾曲部を回り込み、飛ぶ方角を五〇度も曲げることができる。フランジを離れた霧は、薄っぺらいジェットとなって空中を飛ぶ。甲虫は、腺から霧を放出させながら、霧が当たるフランジの位置を動かして、ジェットの最終的な方向を調節している。

図9 (a) びん、および (b) 斜めの棒にまとわりつく落下水流

落ちる水が波立つのはなぜか？

蛇口から落ちる細い（直径数ミリメートルの）水流の中に入れた指の高さを調節する。ある高さの範囲では、その指の真上にある流れの一部にさざ波ができる（図10）。これらのさざ波ができる原因は何か。（洗濯洗剤「タイド」や食器用洗剤「アイボリー」のような）液体洗剤を指に付けて水流の中に入れたときには、波は真上にできず、少し高いところにできる。それはなぜか。

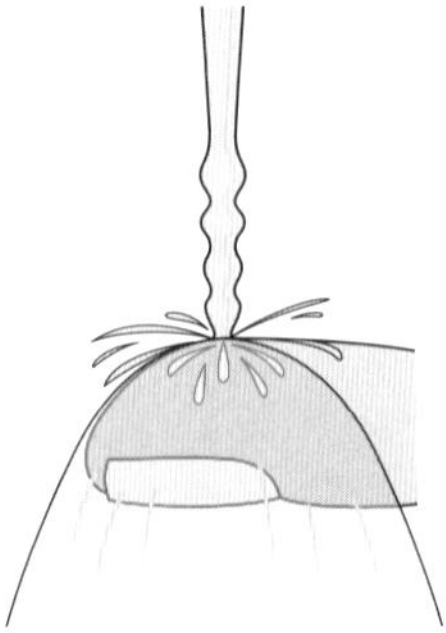

図 10　落下する細い水流に定常波ができる。

さざ波は、流れが指に衝突することによって流れの上流に伝わる波がつくり出している。この波は「表面張力波」型とよばれる。というのは、その波の振動は、水分子がお互いに引き合うことによって生じる表面張力によって制御されているからだ。この場合、表面張力波は水が落下するのと同じ速さで上流に向かって移動するので、波は観察者に対して動かない。もし蛇口の代わりに、底面にある穴から水が漏れる構造の容器を使用した場合には、水の流れる速さは、容器の水位が下がるにつれて遅くなる。この流速の減少のために、波の波長（連続するさざ波の間隔）は長くなっていき、いずれは流れが不安定になって、しぶきが飛ぶことになる。

波ができるのは、水の表面張力が相当に大きいからだ。液体洗剤を加えると水の表面張力が減る。もし洗剤が指に付いていたら、洗剤の一部が指の真上の水と混ざり合って表面張力が十分に小さくなり、波が消えてしまう。そうなると、指の真上の水流はまるで管の中を流れる水のように滑らかになり、波はその滑らかな流れの上部にできるのだ。

板を傾けると細い水流が蛇行するのはなぜか?

滑らかなガラス板を水平面から三〇度以内に傾けて、そこに水を細く流すと、水はまっすぐ流れる。ここでガラス板を三〇度よりも大きく傾けると、水はそのまままっすぐ流れる可能性もあるが、場合によっては左や右に曲がりくねって、規則的に蛇行したり、不規則的な蛇行を続けたりする(図11a)。何が蛇行の原因か。

体積流量(一秒間にある地点を流れる流体の量)が少ないとき、水にかかる重力によって、水は傾いた板の上をまっすぐ下向きに流される。表面張力(水分子どうしの相互引力)が、水の表面積を減らして弾性膜のように振る舞う傾向があるので、下向きのまっすぐな流れは保たれる。流れの先頭部分では、重力によって流れが加速される。水の流れる速度が増すにつれて、流れの断面積は減っていく。というのは、水が速く流れれば、より小さい面積で一秒間に同じ水量を移動させることができるからだ。しかし、水の流れる速度が増すにつれ、傾いた板が水に及ぼす抵抗力が増えていき、やがてその抵抗力は重力と釣り合う。そうなると、もはや水の速度と断面積は変化しなくなる。

体積流量がいくぶん大きくなると、流れの中で水の速度が場所によって異なってきて、水が動くことによって流れが不安定になる。流れの中で水の速度に差が生じるということは、流れの形がもはや対称でないことを意味する。きつく曲がった側【流れの断面でひしゃげた側】の表面張力は、緩やかに曲がった側【流れの断面でふくらんだ側】の表面張力よりも強く内側に水を引っ張る。

偶然に、流れが曲がりはじめたとしよう。この曲がりが大きくなるのは、水が板上を斜めに横切って流れるように、表面張力が十分大きな力を及ぼす場合だけである。図11bは一例で、流れの湾曲部断面を示している。【図に向かって】左側が右側よりもきつく湾曲しているため、表面張力は左側でより大きな力をつくりだす。この力には右方向の成分があるので、湾曲部は右斜め方向に移動し、これが曲がりを大きくするのである。

体積流量がさらに大きくなると、水の奔流が表面張力の作用に打ち勝つことができる。水は曲がった部分を通りすぎて流れ、その結果、曲がった部分を動かす。あるいは、水の流れが斜め方向に分かれ、水が新たな道筋を見つけて曲がった部分を置き去るかもしれない。その場合、置き去られた部分の水は傾いた板の上を滑り落ちていく。

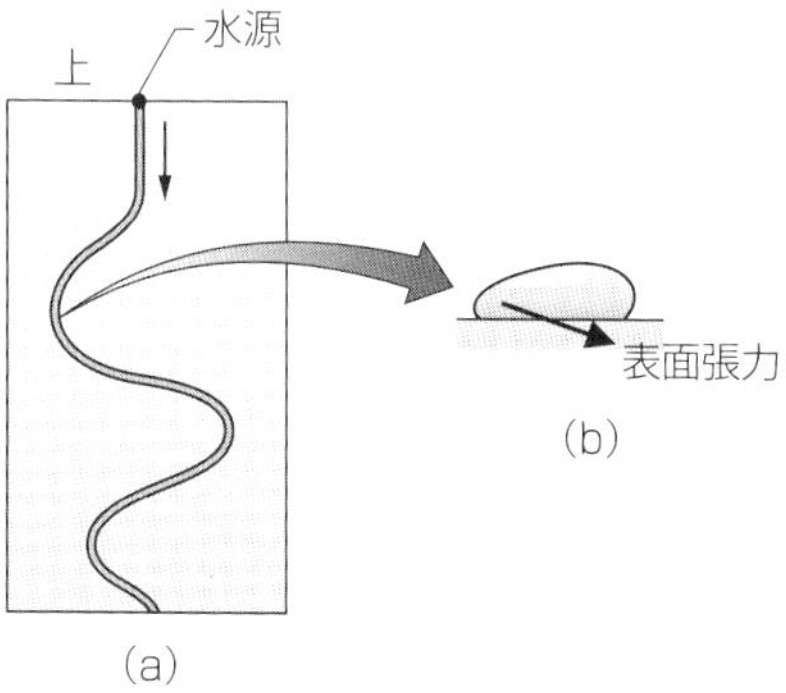

図 11　(a) 傾いたガラス板を真っ直ぐ見下ろした図。水流が曲がりくねっている。
(b) 曲がっている部分の断面図。左側のきつい湾曲が、右向きの強い力を生み出す。

第3章　風呂やトイレで

シャワーカーテンが内側にはためくのはなぜか?

私がシャワーを浴びるとき、シャワーカーテンは必ず内側にはためき、擦れるように足に軽く触れる。これはカーテンが特殊というわけではなく、重りをぶら下げたり小さな磁石を取り付けたりしないかぎり、ほとんどのカーテンがこのうっとうしい特性を示す。何がカーテンを内側に動かすのか。

よくある答えは、空気が熱い湯によって暖められるとカーテンに沿って上昇するので、部屋の冷たい空気がカーテンの下部から浴室に吹き込むからというものだ。こうした煙突内で起きるような空気の流れは、熱いシャワーを浴びるときにもたしかに起きる。しかし、室温よりも冷たい水のシャワーを浴びても、カーテンは内側にはためいてくるのだ。

カーテンが動くおもな原因は、シャワーの水が落ちるとき付近の空気を「引きずる」(捕らえて一緒に運ぶ)ことである(図12)。引きずられた空気を補充するために、落下する水流に向かってその周囲から絶え間なく吹き込む空気の流れがあるはずだ。この流れはシャワーカーテンの下でも生じ、その流れがカーテンを内側に押すのだ。もし水が熱ければ、浴室の床にたまった湯がその真上の空気を暖め、その空気は内側に吹き込まれたカーテンに当たって上昇し、カーテンを後押しする。

流れる水によって引きずられる空気の運動は、水が洞窟(系)に流れ込むときにも起こりうる。空気は水流に沿って洞窟の中へ引きずり運ばれるので、同量の空気が洞窟から流れ出るはずである。洞窟探検家が外に抜ける空気の流れを感じることがある理由である。

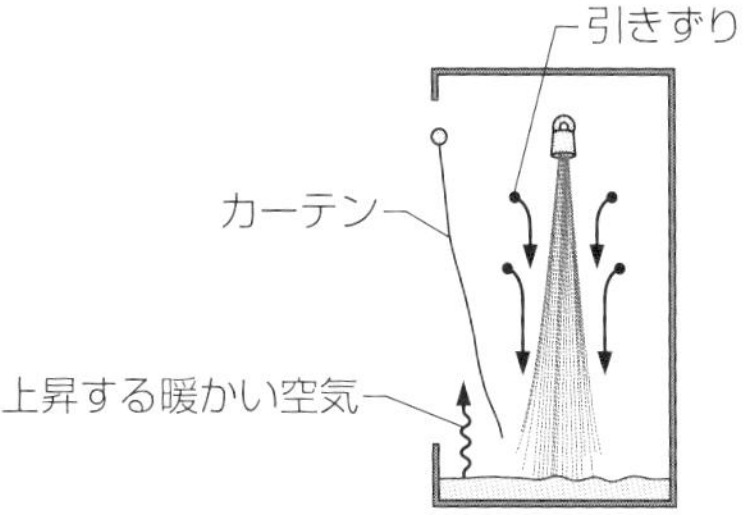

図12 シャワーカーテンが内側にはためくのは、空気が引きずられるからである。

二枚刃ひげ剃りの最適スピードは？

二枚刃のカミソリでひげを剃る場合、皮膚を滑る刃に最適なスピードはあるのか。それとも、刃はできるだけ速く、あるいは、できるだけ遅く動かすべきなのか。

23

皮膚から伸びている一本の毛に第一の刃が当たるとき、刃は皮膚表面でその毛をサッと捕らえ、刃が動く方向に皮膚の上で毛を引きずる。そして、皮膚に埋もれていた毛の根幹を元の位置から引っ張り上げる。第一の刃は、毛を引っ張り上げる間のある段階で、はじめに皮膚から伸びていた長さの毛を刈り取る。

残りの毛は、その後、元のほうに跳ね返り、次は皮膚の中へ引っ込みはじめる。もしここで第二の刃が毛を、跳ね返った後に、そして引っ込む前に捕らえることができれば、刃はなおいっそう多くの毛を取り除くことになり、次にひげ剃りが必要となるまでの時間が延びる。そんな引き続く剃りを実現するためには、毛が跳ね返れないほどカミソリをすばやく動かすべきでないし、また引っ込みが完了してしまうほどゆっくり動かすべきでもない。最適なスピードは秒速四センチメートルほどであるが、この値は剃る人によって変わる。というのも、皮膚や毛の性質（とくに弾性）が異なるからである。

鏡の中で左右が入れ替わるのはなぜか?

平らな鏡の中の像について、誰もが抱く疑問がある。なぜ像の左右は反転するのに、上下は反転しないのか。

平らな鏡のてっぺんがあなたの頭のてっぺんと同じ高さであるとしよう。鏡の中であなたの足を見たいとすると、鏡はどのくらい長くなければならないか。答えは、あなたが鏡から離れている距離によって変わるか。平らな鏡から遠ざかると、多かれ少なかれその中に自分が見えるだろうか。

平らな鏡の中のあなたの像は、前後の反転であり、左右の反転ではない。たとえば、あなたの左側にあるものはすべて反射像の中でも左側にありつづけることに注意しよう。混同が起きるのは、頭の中で、鏡の中の像に合うまで自分自身を鉛直軸のまわりに回転させるからである。そのとき右手とよぶものは、実際は左手の像なのである。しかし、鏡はそんな回転は行わない。この点を理解するために、からだを右方向に回転させて左手が鏡の近くへくるようにしてみれば、頭の中の回転がもはや意味をなさないことに気づくだろう【鏡の中で体に近づく手は右手でなく左手のはずだから】。

鏡のてっぺんがあなたの頭のてっぺんと同じ高さであれば、鏡の中であなたの足を見るためには、鏡はあなたの身長の半分の高さであればよい。そうすれば、鏡の上方における反射によってあなたの頭を、鏡の下方における反射によってあなたの足を見ることができる。これらの反射は、あなたが鏡から離れている距離が変わっても同じである。

25

濡れたタオルを振ると音が出るのはなぜか?

牛追い鞭をパチン（ピシャリ）と打つにはどうすればよいか。どういうわけか、取っ手をすばやく、せまい幅で振ると、鞭の先端は高速で動く。タオルの場合、どのように振ればパチンと音を立てるか。濡れているときに音がよく出るのはなぜか。

牛追い鞭（あるいは鞭に似たものならなんでもよいが）をパチンと打つためには、手で取っ手をすばやく動かして鞭が伸びている方向に波を送る。未熟な人は単純な波を使うが、熟練した人はループ波を用いる（図13）。波が鞭の端に伝わるにつれ、その先端はすばやく（重力加速度の五万倍ほどで）加速され、その速さはすぐに音速を超える。すると、超音速の弾丸や航空機のような超音速物体と同じく、鞭の先端では轟くような大音響（衝撃波）が発生し、これが鞭の「クラック」【パンと打つ音】となる。

濡れたタオルは乾いたものよりも質量が追加されているので鳴りやすい。濡れているタオルは、初めに動かすのが大変だが、先端はより多くのエネルギーをもっているので、ロッカールームにいる犠牲者の肌に痛い一打を与えるのには十分である。

長くしなやかな尾をもった竜脚類のアパトサウルス恐竜が、尾をちょうど牛追い鞭のように動かすと、その先端がたぶん音速を超え、轟くような大音響が発した可能性があると推測する古生物学者もいる。

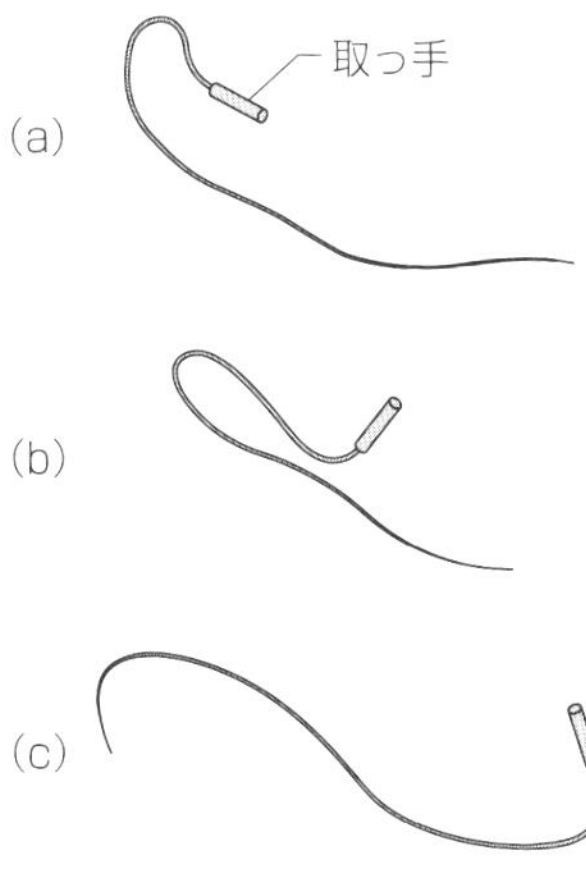

図 13　取っ手をすばやく後ろに引いたとき、鞭に沿ってループ波が伝わる様子を示した 3 つの図

26

シャンプーを細くたらすと、なぜ床面から飛び跳ねるのか？

ヘアーシャンプーか液体ハンドソープを平らな面に細くたらすと、そこで外側へ広がるシャンプーの山ができる。注ぐ高さと液体をうまく選ぶと、シャンプーがときに大きく横に飛び跳ねることがある。それはどうしてか（「アイボリーハンドソープ」を使ったら、とてもきれいな飛び跳ねが何度もできた）。

飛び跳ねるシャンプー類は、粘っこく（運動を妨げる内部摩擦をもつ）、伸び縮みする（ゴム膜のように振る舞う）ので、「粘弾性」流体といわれる。シャンプーがゆっくりと落下したり、盛り上がった山の中でゆっくりと動いたりするとき、シャンプーの粘性はとても高い。しかし、落下したシャンプーが山にぶつかるとき、その衝突がせん断を引き起こす。すなわち、この衝突によって、ある粘性層が別の粘性層の向こう側へすばやく動くのだ。その結果、流れにおけるその部分の粘性が減少する。液体は弾性をもっているので、この急な粘性減少によって衝突部分があたかもゴムボールのように跳ね返り、流れと山の片側に伸びる大きな輪を形成する（図14）。そして、この輪はあっという間に消えるので、輪の上端部しか残らず、シャンプーが山から跳ね返ったように見えるのである。

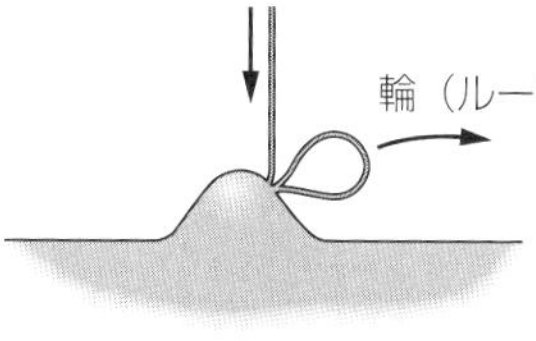

図 14　流れ落ちるシャンプーは、シャンプーの山から跳ね返るように見える。

浴槽の渦も北半球では左巻きか?

水が浴槽から流れ出るとき、なぜ水は排水口の上で旋回し、らせんを巻いて渦となるのか。そして、旋回の方向は、はたして時計回りか、反時計回りか。浴槽が北半球にあるか南半球にあるかで、もし旋回方向が異なるのなら、赤道付近ではどの方向に旋回するのだろうか。水中にできる渦は、あたかもそれ自体が水面から排水する管であるかのようになって、水はおもに水面から渦に流れ込むのだろうか。渦の深さは何が決めるのか(渦は、水面にできる単なる空気のくぼみなのか、あるいは排水口まで伸びる空気の柱なのか)。水が流れ終わる最後の数分間に、ときおり旋回方向が突然に逆転することがあるのはどうしてか。浴槽の渦から音が出ることがあるのはどうしてか。

水は、あたかも渦が上の表面から水を流す排水管であるかのように、おもに上の表面から流れて旋回するのか。

旋回方向についての浴槽伝説は、ハリケーンのような大規模な系で見られる一般的な大気循環に基づいている。大規模な大気の流れを考えると、地球の自転は、いわゆるコリオリ効果によって、風の明らかな偏りをつくる。この偏りによって、北半球では反時計回りの、南半球では時計回りの流れができる。

浴槽から出る水流はとても小さいスケールなので、コリオリ効果よりも他の作用にずっと大きな影響を受ける。水の旋回方向は、浴槽に水が注がれたり、誰かが水をかき回したりしたときの正味の回転方向によっておもに決まる。いま仮に水が時計回りの流れで占められているとしたら、その流れは一時間以上も続くだろう。水がまだ時計回りに旋回している間に排水されたら、排水口の上にある渦は時計回りになるだろう。流れの方向を決めうる他の要素としては、浴槽内に形の十分な対称性がないこと（排水口は対称的に配置されない）、栓を引き抜く場合の擾乱、そして浴槽の片側（たとえば浴室に通じるほう）と反対側（壁に接したほう）との間の温度差がある。

コリオリ効果は、周到に用意した特別な浴槽を使って実証されたことがある。浴槽は円筒形で、排水口は中央にあり、水は落ち着くまで長時間静かに置かれ、水の温度は一定に保たれ、部屋にいる人が偶然起こす擾乱からは隔離され、そして栓が注意深く引き抜かれた。その結果、コリオリ効果によって旋回が引き起こされ、浴槽が【北半球に位置する】ボストンにあったため水は反時計回りに回転しながら流れ出た。

流れ落ちる水のほとんどは、浴槽の底近くにある排水口に向かって動く。水が排水口に届いたとき、すぐに排水口に入る水もあるが、多くは排水口に入る前に上向きにらせんを巻く。排水口の真ん中を落ちる水は、水面から、すなわち排水口の上に見られるくぼみから来たものである。もし渦の勢いがよければ、くぼみは薄く不安定で、くぼみから気泡が出てくる。

渦の広がり（渦の中にできる空気柱の高さ）は、一つには排水口の直径によって決まる。広い排水口はたいてい、水面のくぼみしかつくらない。せまい排水口はたいてい、排水口まで伸びる空気柱を伴った、細くて勢いのある渦をつくる。中間の広さの排水口は、はじめ下に向かって渦が成長するが、やがて上向きに後退する渦をつくることができる。

水が流れ終わる直前に旋回方向が逆転する理由はよくわかっていない。水の層がとても浅くなったとき渦に入り込む流れが、浴槽の底面で働く摩擦によって突然阻まれる、という説がある。

浴槽の渦は、十分に勢いがあって空気を泡として引きずり（取り）込めれば、音を出すことができる。その気泡が振動し、壊れるにつれて音を出すからである。水面もまた振動し、空気圧の変化を音波として送り出す可能性がある。

28

トイレの水はなぜ流れるのか？

サイフォン【吸い上げ管】は、どうして容器内の液体を吸い出すことができるのか（図15）。すなわち、なぜ液体は中につっこまれた管の中を登っていくのか。具体的には、液体にかかる大気圧が管の中の液体を押し上げるのか。液体が上昇する高さに制限はあるのか。外の管の先が、容器内の管の先よりも低い位置になければいけないのはなぜか。

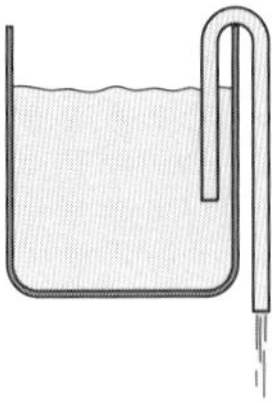

図 15　サイフォン（吸い上げ管）

サイフォンを起動するためには、容器の縁に掛けられた吸い上げ管の内部は液体で完全に満たされていないといけない（空気穴付きのゴムボールを使って、液体を管のてっぺんを越えるまで引き上げ満たされたかもしれない）。液体は、流れるし、固体物質は含んでいないが、それでも粘着性がある。つまり、液体のある部分は隣の部分に引き付けられているのだ。下向きに流れる管の中にある液体が管の外に流れ出るとき、管のてっぺん近くの液体はてっぺんの上にある部分を引き、その部分がさらに他の部分をてっぺんに引き上げる。全体の振る舞いは、あたかも管の中に鎖があるかのようである。容器の外にある鎖の部分が容器の中にある部分よりも長ければ、重力によって鎖は管の中を、上へ、てっぺんを越え、そして下へと引っ張られる。

通説に反して、大気圧は液体を管の中で押し上げない。実際、大気圧が変化しても、サイフォンの作用には影響しない。

液体が吸い上げ管を流れているとき、上向きに管を流れる部分は上下に引っ張られているので、液体は「引張応力」を受けているといわれる。驚くべきことに、水が耐えられる引張応力には限度があり、それを越えた途端に、水は空洞をつくってその中に気化してしまう。サイフォンの高さは、管のてっぺんでこうした変化が起きるまで上げられるが、それを越えると、空洞が水の連続性を断ち切ってサイフォンは機能しなくなり、水が吸い上げ管から単に流れ落ちることとなる。

もし上向きに流れる管の中に空気が進入していき、管のてっぺんに集まって水の連続性を断ち切った場合にも、サイフォンの機能は止まる。こうした現象は一般のトイレで起きている。タンクの水が便器に流れ込むと、便器の底で増加した圧力が水を排水管の中に押し出し、ここにサイフォンが形成される。水も水中のどんなものも、便器の水がほぼすべて流れてなくなるまで、サイフォンの機能で排水管の中へ押し出される。そのとき、空気が泡立って管の中に流れ込み、管のてっぺんで集まって水の連続性を裁ち切り、サイフォンの機能を止めるのだ。タンクからはたいてい、水が便器にさらに数分間流れ込むが、もはやサイフォン機能を再開させるのに十分な量ではない。しかしながら流れ込んだこの水は、排水管から登ってくる臭いを防いでくれる。

29 替えたばかりのトイレットペーパーがミシン目で切れやすいのはなぜか？

たいしたことではないが、ミシン目のついたトイレットロールを引っ張ったとき一枚だけちぎれることは、よく起きる生活上の欲求不満のひとつである。もちろん、この一枚では使い物にならない。こうした状況は、替えたばかりの新しいロールに特徴的で、ほとんど使い切ったものではまれである。新しいロールはどうしてこんなに厄介なのか。紙を引っ張る角度が重要なのか。この問題が深刻となるのは、紙をロールの上からちぎるほうか、あるいはロールを逆にかけて紙をロールの下からちぎるほうか。

トイレットペーパーのゆるんだ端にかける力は、ロールを回そうとするトルク【力のモーメント】をつくる。そのトルクに逆らうのは、厚紙でできたロール内部の芯とホルダーの心棒との間に働く摩擦から発生するトルクである。引っ張る力が弱いと、摩擦力もまた弱く、ロールが回ることを阻むのにちょうど十分だ。引っ張る力が増すにつれて、摩擦力はある上限値に達するまで増える。そこからさらに強く引っ張ればロールは回り、いったん滑りが起きると摩擦力は突然弱くなる。しかし、ロールの回転に要求される引っ張り力が大きすぎると、紙はちぎれてしまう。

ロールが新しいと、その重さで芯が心棒を押しつけ、摩擦力の上限を大きくする。そのため、ロールを回すのに必要な引っ張り力は大きくなって、必ず紙を引き裂くだろう。一方、ロールがほとんど使い切られて重さが軽いとき、摩擦力の上限は小さくなり、小さい引っ張り力でも摩擦力よりは大きくなり、たぶん紙を引き裂くことはない。紙を下に向かって引っ張ると、たいていはちぎれるような場合でも、紙を上に向かって引っ張れば、それがロールを支えることになり、摩擦力の上限は小さくなって、紙を引き裂きにくい（この説明では、トルクの腕の長さ【回転軸であるホルダーの心棒とロールを引っ張る力が作用する点までの距離、すなわちロールの半径】が果たす役割を無視した。読者は、引っ張る場合の腕の長さはロールが使われるにつれてどう変化するかを調べて、私の結論を見直したくなるかもしれない）。

ああ、物理からは逃れられない、トイレの中でさえも。

第4章　書斎で

30

鉛筆の芯はどこが折れやすいか?

熱心に書いていると、鉛筆の芯先が折れることがしばしばある。正確には芯先のどの部分が折れるのだろうか。芯先が尖っていると折れる場合が多く、使って丸くなっているとあまり折れないのはどうしてだろうか。

書くときは、鉛筆を傾けて持ちながら、芯先を下に押す。この動作によって、露出した芯の部分を曲げようとする力が働き、下側（紙に面しているほう）が伸び、上側が縮む。芯は縮みよりも伸びに弱いので、亀裂は下側から始まる。亀裂は、芯を横切る方向に急上昇する一方、亀裂の片面が反対側の面を滑りすぎようとしながら、木のさやのほうに追い返される。

亀裂は伸びが最も大きな箇所から始まる。その箇所を見つけるために、仮想的に芯先を伸ばして円錐を思い描こう（図16）。本当にはない長さをLとすると、亀裂は実際の芯先からL／2上のところ、つまり仮想円錐の先端から3L／2上がったところから始まる。この事実は、芯先の直径の3／2倍の直径をもつ芯の部分で亀裂が始まることを意味し、この結果は何本もの鉛筆を犠牲にすれば検証することができる（ただし、これは個人的に行なうべきだ。なぜなら、鉛筆の先を何度も折り続ける行為は、おそらく鉛筆破損症候群あるいはそれに類した異常行動の兆候であるからだ）。

鉛筆が削りたてで芯先が尖っている場合、亀裂は芯の細い部分で起きることになり、亀裂を生じさせるには小さな力だけですむ。一方、芯先が丸い場合、芯のもっと上の芯の太い部分で最も曲がり、必要な力も大きくなるので、ふつうに書いている条件下ではあまり折れそうにないのだ。芯先があまりにちびていて、亀裂の開始点が木のさやに覆われた内部にある場合、ここでの解析は不適切となり、芯先が折れるのは、書いている面に鉛筆を強く叩きつける場合だけである（これは確かに異常行動の兆候だ）。

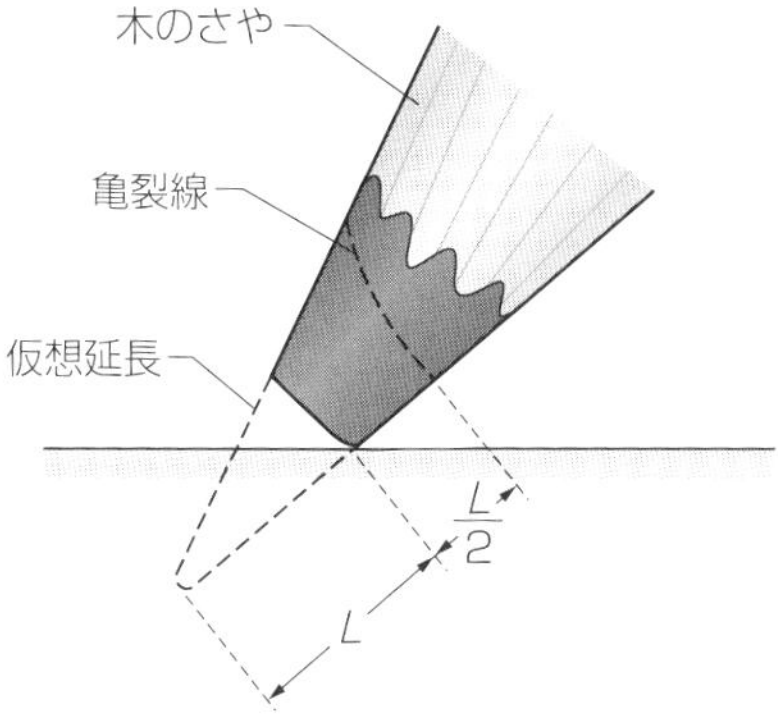

図16　鉛筆の芯先における破断線

小さい紙ボールはなぜつくることができないのか?

紙を一枚とり、手の中でクシャクシャに押し潰して紙ボールをつくってみよう。すぐにボールはそれ以上潰せない状態となる。しかし、その状態でもボールの七五%はただの空気である。なぜボールはもっと押し潰せないのか。

31

紙をクシャクシャにすると、曲がった尾根（折り目）と円錐頂点（先端）が形成される。このとき、新しい形に紙の繊維を並べ直すためのエネルギーと、繊維どうし、あるいは擦れ合う紙どうしに働く摩擦に打ち勝つ力とが必要となる。すべてはこうとも言える――応力を受けた紙の部分にエネルギーが蓄えられるのだ。紙を広げると、この応力によって永久的な歪みを起こした線と領域が見られる。

クシャクシャにした紙ボールをさらに潰すためには、すでにある尾根を潰してさらに新しい尾根をつくりださなければならないので、より多くのエネルギーが必要となる。そのため、繊維を並べ直すことがより難しくなる。最終的に、出せるエネルギーと力とでは、それ以上潰せない状態となるのだ。それでも、もしボールに重い荷重をかければ、数週間あるいは数年かけて徐々に、ボールはもっと潰れていくだろう。紙の繊維が徐々に塑性流の中で動いていくのだ――あたかも流体とみなせる熱いプラスチックの中にあるように。

本を空中に投げ上げるとふらつくか?

本が開かないように輪ゴムでしばってから、図17aに示す三つの主軸のうち、一つの軸のまわりに回転させながら空中に放り投げてみよう。このとき、二つの軸まわりの回転については安定している。残り一つの軸に関しては本が著しくふらつくのはどうしてか。同じような不安定性は、金槌、テニスラケット、あるいはその他いろいろなものが空中にぽいと投げられたときに見られる。

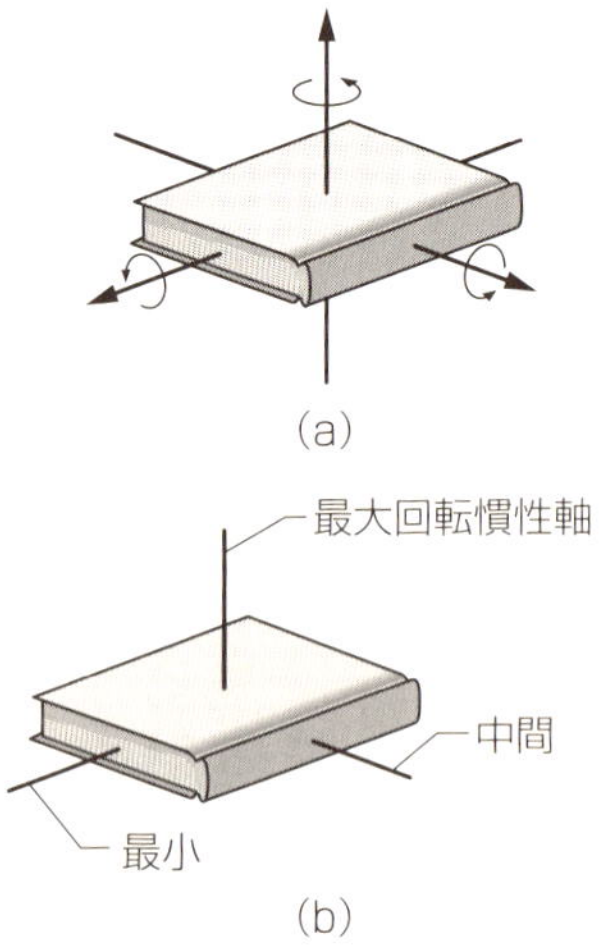

図 17 (a) 本を通る3つの軸
(b) 軸に伴う回転慣性

本を通る軸は、その軸に関する回転慣性【回転のしにくさや回転の止めにくさの指標となる主慣性モーメント】によって特徴づけられる。回転慣性は、本の回転軸まわりの質量分布に関係がある。質量が軸から遠くに分布する（回転慣性が最大の）軸もあれば、質量が軸の近くに集まる（回転慣性が最小の）軸もある（図17b）。これらどちらかの軸のまわりに本を回すと、回転は安定である。

厄介なのは、質量分布と回転慣性が最大と最小の中間となる軸である。本をその軸のまわりに完璧に放り投げられた場合には安定して回転するだろうが、問題はそんな理想的な投げ方ができないことにある。実際には必ずずれが生じ、そのずれはすぐに増大するふらつきを生む。ある解釈では、その初期配置におけるずれが実質的に遠心力（半径方向外向きの見かけの力）を本に及ぼし、それが最大回転慣性をもつ軸のまわりに回転させる原因となる。観測されるふらつきは、元の回転と遠心力によって生じた余剰回転の組合せである。

中間的な質量分布をもつ問題の軸は、あらゆる種類の物体に現われる。しかしながら、どんな二つの軸でも等しい回転慣性をもてば、どちらの軸まわりの回転も不安定であり、はっきりしたふらつきよりは、むしろゆっくりした横ゆれとなる可能性がある。さらに、回転する物体に働く空気抵抗が効く場合には、最大の質量分布と回転慣性をもつ軸まわりの回転もまた不安定となる。この特徴を示すために、長方形のカードをその【回転慣性が最大となる】軸のまわりに回転させて空中に放り投げてみよう。たぶん、カードは最終的に、最も小さい回転慣性をもつ軸のまわりに回転するだろう。

輪ゴムを引っ張るとなぜ温度が上がるのか?

輪ゴムを上唇にあててすばやく引き伸ばすと、唇が感じるほどに輪ゴムが暖かくなるのはなぜか。また、輪ゴムを伸ばしたまま唇から数分間離し、唇に戻してからすばやく縮ませると、なぜ冷たくなるのか。

33

輪ゴムのゴムは長い鎖状分子から構成されていて、それらは多数の交差結合をもち、スパゲティのようにぐるぐる巻きの状態である。輪ゴムを伸ばすと、この分子を引き伸ばし、その仕事の一部が分子の熱運動となる。唇で感じる暖かさは、その増加した熱運動によるものである。伸びた輪ゴムを縮めるときは、分子はぐるぐる巻きに戻って仕事をする。この仕事に必要なエネルギーは分子の熱エネルギーからとられるので、輪ゴムは冷たく感じるのだ。

輪ゴムは、温められると、付加された分子の熱エネルギーによってきつくぐるぐる巻きになり、縮む。輪ゴムが冷やされると、熱エネルギーが失われ、きつくぐるぐる巻きになれなくなり、輪ゴムは伸びる。

輪ゴムが熱せられると縮み、冷やされると伸びるという事実は、珍しいことだけがとりえの機械に使うことができる。車輪をその中心軸のまわりに回転するよう取り付ける。第二の軸は回転軸から偏心していて、複数の輪ゴムがこの第二軸から車輪の外周に向けて伸びている。第二軸が偏心しているので、輪ゴムの伸びは車輪まわりに対称でないことになる。つまり、他の輪ゴムよりも伸びる部分があるのだ。そして、熱湯の入った容器の中に、車輪を半分だけ沈める。熱湯に沈んだ輪ゴムは、熱湯からの熱エネルギーで縮もうとし、その結果生じた輪ゴムの非対称性が原因で車輪がゆっくり回る。輪ゴムは、熱湯から出ると冷えてぴんと張らなくなり、再び熱湯に入るとまた縮もうとする。

タバコの渦輪《うずわ》はどうやってつくるのか？

タバコを吸う人はどうやって煙の輪を吐くのか。煙の輪が壁に近づいたとき、輪が膨らむのはなぜか。イルカはどうやって水中で似たような空気の輪をつくるのか。

煙の輪とは、口の中を煙で充満させておき、プッと強くひと吹きしたときにできる「渦輪」のことである。煙と空気が丸い口の穴から吹き出されながら、唇近くの流れは摩擦によって減速され、穴の中央を通る流れが周囲よりも速く動くことが多い。こうしたことが原因で、流れは唇のまわりを外側に巻き、渦運動を始める。煙は単に「目印（トレーサー）」として働き、空気の運動を可視化する。

もし煙の輪が壁に近づくと、壁と気流との摩擦が原因で、輪が膨らむ。そして、アイススケート選手が自転中に腕を外側に伸ばすと回転速度が減っていくのとほぼ同じようにして、空気が旋回する速さは減少していく。

イルカも渦輪と遊ぶことが好きで、多くの方法で渦輪をつくることができる。最も一般的な方法はたぶんこうである。イルカが横になって泳ぎながら、（そのとき）鉛直になった尾びれを横に【左右に】ひょいと動かす。ひれが水中を動くと、ひれにそった流れは摩擦によって減速され、これが巻く運動の原因となり、鉛直平面上に渦輪が成長する。イルカが元の姿勢に戻り、呼吸孔を渦輪に向け渦の中心方向へ空気を吹き出すと、空気は渦のいたるところにすばやく広がる。空気は渦の浮力に影響し、また「目印」としても働く。イルカは、渦を追いかけたり、渦を通り抜けたり、最初の渦とからむ第二の渦輪をつくったり、あるいは渦の一部を切り取ることによって巻き上がる小さな第二の渦輪をつくったりして、遊ぶことができる。

教室では、「空気砲」を用いて渦をつくることができる。空気砲は、四角い箱の前面に丸い孔をあけ、反対側の後面は箱を切り取ってから（ビニールのゴミ袋のような）柔らかい覆いを貼り付けてつくる。柔らかい覆いを後方に引っ張ってから放すと、前面の丸い孔を通って空気が押し出される。タバコの煙の輪のように、空気の流れは渦輪をつくるが、目印がないので目で見ることはできない。空気砲を用いれば、何の前触れもなく近づいてくる大きな渦輪によって、部屋の向こう側にいる人を驚かせることができるだろう。

渦輪は、液体の層に、同じ種類の液体や混ざり合うことができる液体を滴下させることによっても、つくることができる。滴が水面に当たって水中に浸透していくとき、滴は渦輪になる。滴に少し染料を混ぜておけば、渦輪の形成を簡単に見ることができる。

一つの渦輪が、先行する渦輪の後を、ほぼ同じ軸上で追いかけているとき、後ろの渦が前の渦に追いつくかもしれない。場合によって、二つの渦が融合して一つの渦になったりもするが、図18のようなお遊びを演じることもできる。後ろの渦が縮んで渦の回転が速くなり、一方、前の渦は膨らんで渦の回転が遅くなる。すると、後ろの渦が前の渦を通り抜け、新たに前の渦となる。このカエル跳び現象は数回起きうる。滴が水中に入った直後に第二の滴を水面に落とすと、このカエル跳び現象を見ることができるかもしれない。それぞれの滴が渦輪に成長できたら、第二の渦が第一の渦を通り抜ける可能性があるからだ。

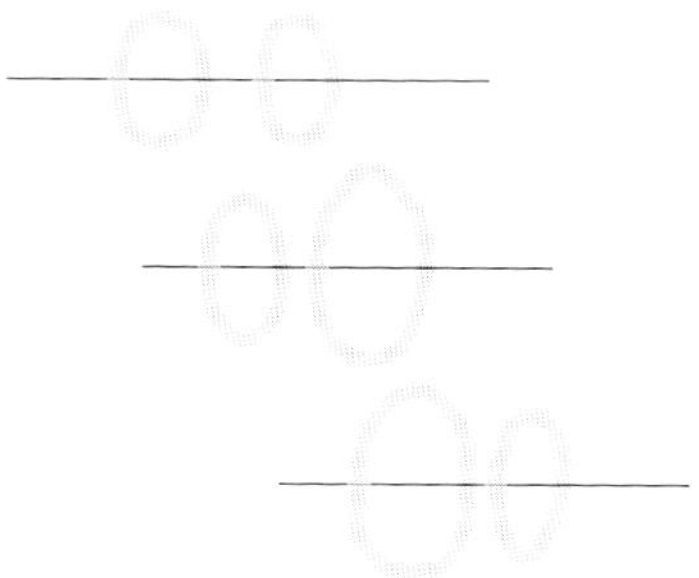

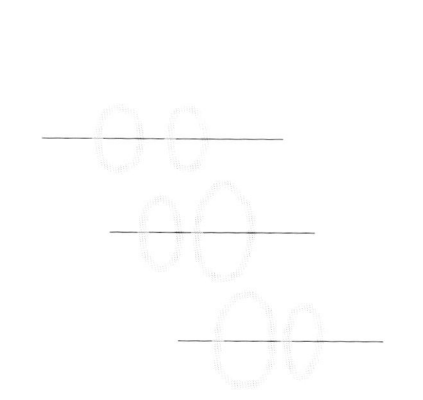

図 18　後ろの煙の輪が前の輪を通りすぎる。

壁に掛けた絵はどうして傾くのか？

釘のような支えに短い長さのひもをかけて絵をつるしておくと、おそらくいつかは絵が傾いてしまうだろう。何が絵を不安定にするのか。釘にひもを結びつけたり、二本の釘を大きく離して用いたりすること以外に、絵を安定に保つためにできることは何かあるか。

ひもが短いとき、絵は不安定な状態にある。というのは、偶然の擾乱によって絵が傾くと、絵の質量分布の中心を下げることになるからである。この不安定は、長いひもを代用することによって解消できる。（安定な）最小の長さは、釘にかかるひもの部分がなす角度と、絵の対角線がなす左右の角度に関係する（図19）。対角線のなす角度が釘の部分の角度よりも小さいとき、絵は不安定である。ここで長いひもを用いると、釘の部分の角度が減る。その角度が、対角線のなす角度よりも小さくなったとき、絵は傾いてもその重心を低くすることができないので、安定である。

【絵を固定して考えると、絵が傾いても釘は楕円軌道上にある。また、釘と絵の重心を結ぶ線は鉛直線であるので、それらの間隔が大きいほど重心は低くなる。この二点を考慮して計算すると解答が理解できる。】

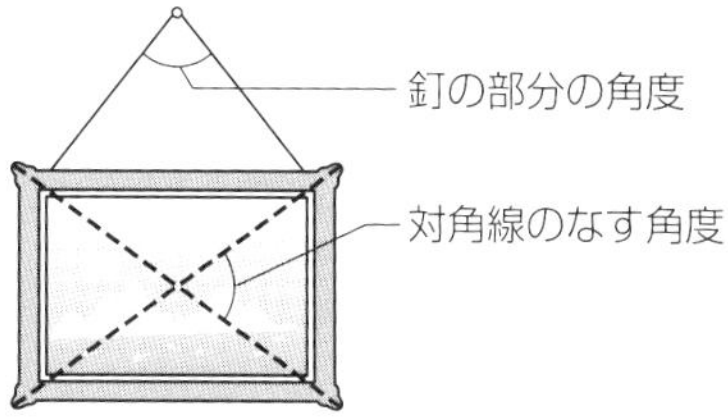

図 19　絵の安定性には角度が重要である。

ドアがきしむのはなぜか?

ドアがきしんで、キーキーいうのはなぜか。黒板をすばやく指の爪でひっかくと、キーッという音が出るのはなぜか。止まっている車が急発進するとき、タイヤがキューッと鳴るのはなぜか。

これらは、いわゆる「くっついては滑る」(「スティック・アンド・スリップ」あるいは単に「スティック・スリップ」)効果のあまたある例のうちの三つである。二枚の面を無理やり押し付けながら、お互いに対してずらすとしよう。それらの間に潤滑油が塗られている場合はとくにそうであるが、二枚の面は円滑に動くことがあるだろう。しかし多くの場合、二枚の面は、初めは互いに引っかかり、ともに結び付いて互いを引き伸ばし、そして最後に互いを放す場合もある。放した直後、引き伸ばしが緩和されながら表面の一部が振動し、耳に聞こえる音波が発生する。二枚の面が動くことによって、より広い領域で振動が起きることもあり、それは共鳴板のように振る舞うので、音が大きくなる。

たとえば、指の爪で黒板をひっかくと、初めは指の爪が引っかかって曲がり、その後、突然放たれて黒板の上を滑るので、振動しながら黒板をたたくことになる。聞こえるのは、指の爪が黒板をたたく音と、それによって共鳴板のように黒板が振動する音の両方だ。指の爪の動きは、外側の端【爪の先端】で最大、反対の端【爪の付け根】で最小(ゼロ)で、これは強風で振動している木の動きにたいへんよく似ている【木の振動は、木のてっぺんで最大、木の根元で最小】。また、木と同じように、指の爪の振動数は、その長さの逆数で決まる。指の爪は短いので振動数が高くなり、これがかなり狼狽させる音の出る理由の一つだ。

ドアのさびた蝶番《ちょうつがい》は、擦れあう部分がくっついては滑る動作を繰り返すと、キーキーいうことができる。ドアをすばやく開けると、粘着(スティック)の機会がまったくなくなり、そのためまた、スティック・スリップとキーキー音もなくなるだろう。

乾いた舗装道路の上を滑るタイヤはくっついては滑る動作を起こし、そのためタイヤが振動して音を出す。実際、これこそが街角のドラッグ・レースで一部の人が大切にするキューーッ音だ。強くブレーキを踏んで車が止まるとき(自動停止装置が働かない場合に限る)もタイヤはキューーッ音を出すが、その音を大切にする人はいない。

耳を澄ませば、他に何百という、くっついては滑る動作で生まれる音の例を見つけることができる。

第5章 野外で

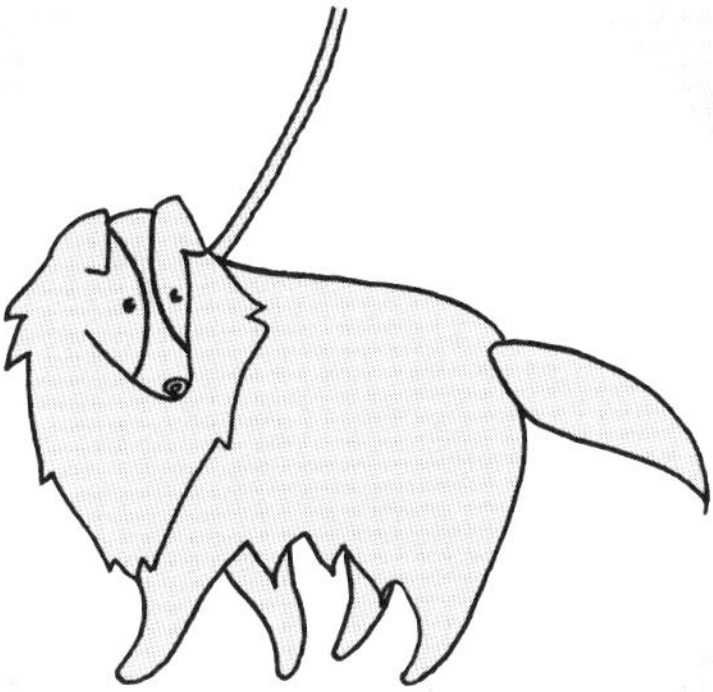

なるべく雨に濡れないためには、走るべきか、歩くべきか？

雨の中、傘をささないで道を横断するとき、走るべきか、歩くべきか。走ればたしかに雨の中にいる時間は少なくなるが、多くの雨粒を受けてしまうことも意味する。そのとき、雨粒に吹きつける風が向かい風か追い風かによって、答えは変わるのだろうか。

雨の中、車を運転するとき、フロントガラスに当たる雨の量を最小にして視界を確保するには、どんな速さで走るべきか。

図 20　雨を避けて歩くシェルティ

雨がまっすぐ下に降る、あるいは向かい風によって、からだに向かって斜めに降る場合は、できるだけ速く走るべきである。こうすると、雨粒めがけて走ることになるが、雨の中にいる時間が短縮されるので、ゆっくり歩く場合よりは濡れ方が少ない。走りながら当たる雨粒の数を減らすためには、からだを前傾させて雨に対するからだの鉛直断面積を最小にすべきである。からだを曲げながら速く動くには、ある研究者が提案したように、スケートボードに乗ればよいかもしれない。しかし、この方法はきっと注目されるし、そのうえ、スケートボードを携帯するのは傘よりやっかいである。

もし追い風ならば、降雨速度の水平成分と同じ速さで走ることが最善の方法だ。そうすれば、頭のてっぺんと肩は依然として濡れるが、からだの前面も後面も雨粒に突入しない。ただし、この方法は人よりずっと大きな水平断面積をもつ物体を移動させる場合には有効でない。なぜなら、移動速度がたとえ雨粒速度の水平成分と同じであっても、物体の上面にはかなりの水を受けることになるからである。濡れることを最小限に抑えるには、この種の物体はひたすら速く移動させるべきである。

雨の中で車を運転するときは、濡れを最小にするより視界を保つほうが重要である。もし雨がまっすぐ降るか、あるいは向かい風によって車めがけて斜めに降っているのなら、車は低速で運転すべきである。もし雨が、追い風によって運転する方向と同じ向きに降っているのなら、車の速さを雨粒速度の水平成分に合わせることが理想的であるが、これは実用的でないだろう。【視界を保つためには、車の鉛直断面に当たる単位時間あたりの雨量をなるべく少なくすべきである。】

38

雪の上を歩くと、きしむのはなぜか？

雪の上を歩くと、キーキーと音が鳴るのはなぜか。とても寒いときのほうが、そんなふうに音が出やすいのはなぜか。

雪の温度がおよそマイナス一〇℃を下まわると、足で踏んだとき下向きにかかる圧力が原因で、雪の粒子間結合の一部がプツンと切れたり、雪の層の一部が突然崩れたりして、お互いの上を滑ることがある。どちらの動作も、つかの間、雪を振動させることで音が出るのだ。もし雪がそれほど冷たくなかったら、雪の粒子はとても簡単に崩れるので、粒子間結合がプツンと切れたり層が突然崩れたりすることはない。なぜなら、そうした結合は、雪がとても冷たいときに比べて数が少ないか強度が弱いからである。このもろさは、部分的に雪が溶けるからで、そのため滑りが滑らかになる。雪は、とくに表面では、吸収した太陽光でも溶ける。また、たぶん場所によっては、人がかけた圧力で十分に雪が溶ける。

ブランコはどうしたらうまく漕げるのか？

ブランコをより高く振るには、どのように漕げばよいか。また、ブランコが初めに止まっている場合、地面から飛び乗ったり、人に押してもらったりせずに、どのように漕ぎはじめればよいか。

39

ブランコをより高く振る一つの方法は、ブランコに立って乗り、ブランコの描く弧の高い位置でしゃがみ込み、最も低い位置で立ち上がることである。立ち上がることによって、スピードが増加する。このことは、エネルギーあるいは角運動量を考えれば説明できる。立ち上がることによって、漕ぎ手はからだの重心を上げることとなり、受ける遠心力に抗して仕事をする。この仕事が運動エネルギーとなり、スピードが増えるのだ。また立ち上がることによって、からだの重心を回転中心のほうに移動させることにもなる。この動作は、腕を引き込みながら一点で回転（スピン）するアイススケーターの動作と同様である。アイススケーターの角運動量が変化しないという事実から、その回転速度が必ず増す。ブランコにあてはめると、漕ぎ手の回転速度が増えることになる。どちらの議論によっても、最下点で増加したスピードが、ブランコの描く弧の高さを上げるのである【高い位置でのしゃがみ込みは逆の効果があるが、その量は最下点での効果より小さい】。漕ぐ動作に与えるエネルギー効率は、漕ぎ手の身長に影響されるが、体重には無関係である。

ブランコは、前に揺れるときにロープを引きつけ、後ろに揺れるときにロープを押し出すことによって、漕ぐこともできる。ロープを変形させることで手に力を受け、からだは、ロープを引きつけると前へ、ロープを押し出すと後ろへ、推進するのだ。

止まっているブランコを漕ぎはじめる一つの方法は、真っ直ぐ立つか座るかして腕を曲げた状態でロープを持ち、その後、腕が完全に伸びるまで後方に倒れ込むことである。からだの重心はブランコの台座のまわりに回転する一方、台座はブランコを吊っている棒のまわりに回転する。ちょっとしたからだの倒れ込みによって、動くための運動エネルギーとその角運動量が得られるのだ。

なぜ旗は弱い風にもはためくのか?

旗ざおの先にある旗が、そよ風にさえはためくのはなぜか。一枚の紙を扇風機の前にかざしたとき、パタパタと揺れるのはなぜか。

一部がほどけたトイレットペーパーロールを投げると、後ろの(ほどけた)部分がすぐに波打つのはなぜか。

旗の向きが、空気の流れる方向とある角度をなしてずれていて、空気が旗のどちらかの面を押していると想像しよう。このとき、旗は単にまっすぐに伸びて、空気の流れと同じ方向を向くことができる。あるいは、旗が途中から曲がることもできる。空気の流れがある速さを超えると、旗の曲がりは不安定になって、旗はパタパタと揺れることになる。

この揺れの原因は、旗がつくりだす渦にあるとされてきた。実際、風が、単に旗をまっすぐ伸ばそうが、揺れる原因となろうが、旗の自由に動ける端では渦が生成される。一連の渦が、旗の左右で交互に形成され、下流に移動しているのだ（図21）。旗がパタパタ揺れると渦は大きくなるが、渦は揺れの結果生じるのであり、揺れの原因ではないので、たとえ旗が揺れていなくても渦は存在しうる。

紙のようなしなやかなシートも、そよ風や大風がずっと変わらず吹いていると、パタパタと揺れることができる。ただし、そのためには空気の流れが一定の速さを超えていなければならず、その速さはシートの質と柔軟性によって決まる。

しなやかなリボンの一端に重りをつけて落とすと、リボンは十中八九、波打つ。波は、リボンの落下速度の半分の速さでリボンの後方に伝わり、通常はリボンが長くなればなるほど波の山から山までの間隔は広くなる。リボンが波打つのは、リボンが止まっていた空中を落下するにつれて、無理やりリボンに引きずられる気流が不安定になるからだと思われる。簡単にいえば、道連れの気流とリボン本体は、落下しながら曲がるのである。

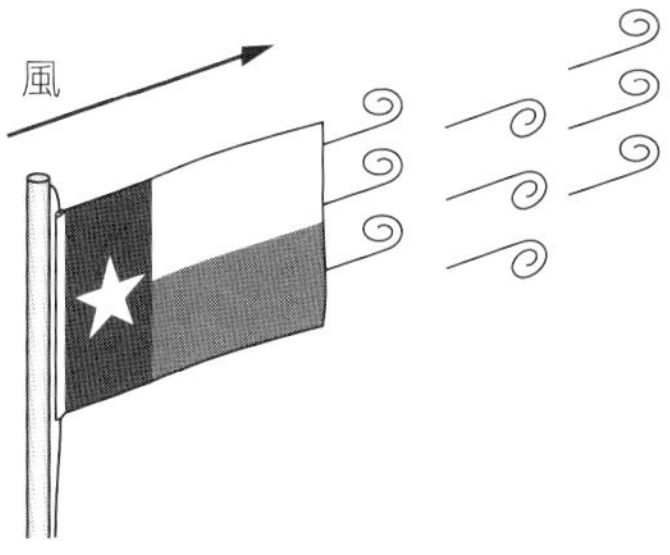

図 21　渦は旗の左右で交互に発生する。

しなる竿を使うと、荷物を楽に運べるのか?

アジアでは、軽い荷物からそこそこ重い荷物まで、竹竿のように弾力性のある竿の両端に結びつけて運ぶ人々がいる（図22）。運び手が歩いたり走ったりするので、荷物と竿は縦に振動する。この方法には、荷物を運ぶ際に何か利点があるのだろうか。

図 22　重い荷物が振動する竿で運ばれる。

運び手のからだ（胴体）が上下に振動すると、竿と荷物も上下に振動する。ここで、肩越しに堅い竿が使われたとしよう。その場合、胴体が上向きに動くと、肩は竿と荷物を持ち上げる大きな力を加えなければならない。また、胴体が下向きに動くと、竿と荷物は肩とともに落ちるので、肩はほとんど力をかけない。したがって、運び手が歩いたり走ったりすると、肩にかかる力はかなり変化することになる。

弾力性のある竿の基本的な目的は、肩にかかる力の変化をならすことである。要点は、竿にいったん振動が生じると、荷物は竿の中心と歩調を逆に振動することである。つまり、荷物が上向きに動くと竿の中心は下向きに動くし、その逆も成り立つのだ。また、竿の中心は、肩が上向きに動くと下がり、肩とも歩調を逆に振動する。したがって、肩は荷物と歩調を合わせて振動することとなり、その結果、肩が必要な力はほぼ一定となる。肩が上向きに動くと、竿の弾性によって荷物は上に運ばれる。肩が下向きに動くと、竿の中心は上向きに動くので、それが下向きに動く荷物を支える一助となるのだ。

なぜ砂漠や砂丘に風紋ができるのか？

砂漠（あるいは河床）の砂に、風紋（波紋）ができるのはなぜか。風紋の波長、すなわち風紋の平均間隔は何が決めているのか。密集した草のような植物はどんなふうに風紋の模様を変えるのか。なぜ一般に、雪面には風紋ができないのか。

平らな（乾いた）砂床に風が強く吹きつけると、砂粒が動く。砂粒は、床を這うこともあれば、跳躍、すなわちジャンプしたり、跳ね返ったりすることもある。砂粒が床の平らな部分に着地した場合にはまたジャンプもするだろうが、もし床の持ち上がった部分（偶然できる何らかのこぶ）に着地した場合には動けなくなる（図23）。こぶの背が高くなるにつれ、こぶにはより多くの砂粒が集まるようになり、風下にある砂粒にとってこぶは盾となる。しかしながら、こぶから風下に少し離れたところにある砂粒は、あいかわらずジャンプして、次のこぶの上で動かなくなる。風下のこぶは急峻な形に成長するが、風上では傾斜の緩やかなこぶとなる。こぶの頂上で向きがそれる風は風下で渦を巻く傾向があり、その渦が風下側で空気を吹き上げて砂を掘り出すので、こぶの急な傾斜面は維持される。風上にある砂粒がこぶの頂上を乗り越えていくので、こぶはつくられながら風下にも移動する。他のこぶよりも速く移動するこぶがあり、とても多くのこぶがお互いに融合するか、少なくともお互いに影響を与え合うほどに接近したりする。

そして、何日も、何週間も、あるいは何年も経ったとしよう。こうした作用が徐々に進行して、私たちが目にする風紋がつくられる。いったんつくられると、風紋は風と砂粒のジャンプの作用によって維持される。もちろん、風が劇的に変われば、風紋は新しいものに置き換えられる。

かなり規則的な流れのある河床の砂地では、波紋はずっと速く形成される。もしかしたら、数分以内に波紋がつくられるかもしれない。

植生【ある場所に生育している植物の集団】のまわりに風が渦（つむじ風）となって激しく吹き付けるとき、植生の風紋の方向と間隔は、風上にあるものと異なる。

雪上の雪片でも跳躍は起きる。しかし、風紋が現れない（もしくは少なくとも、目立たないか一般的でない）理由は二つある。①雪片は、雪の盛り上がった部分かどうかに関係なく、ぶつかったどんな点にも付着する傾向がある。②明るく晴れた日の後ではとくに雪が凍って固くなるので、雪片の跳躍は起きない。しかしながら、雪が固くなる前に、とくに障害物の風下に強いつむじ風が吹いた場合、雪の風紋が強風によって雪の中に残されることがありうる。

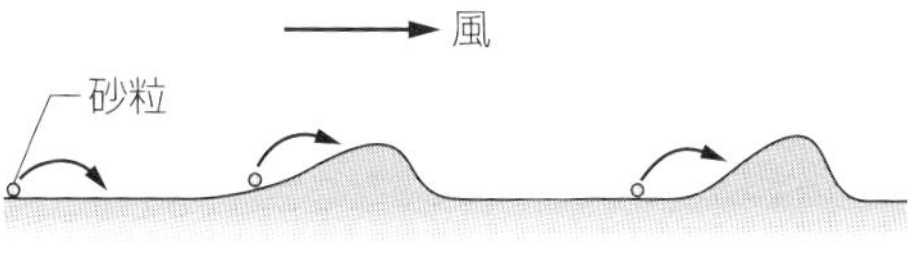

図 23　砂粒のジャンプが風紋を形づくる。

カーブする車の中の風船はどちらに動くか？

窓を閉めた車の中に、ヘリウムを詰めた風船が浮いている。車が急カーブを曲がるとき、風船が天井に対して動くのはなぜか。このとき、風船が動く向きはカーブの外側へか内側へか。

寒い日で、車のヒーターが作動しているときに車が急カーブを曲がる場合、空気の暖かい部分がカーブする間に移動するのはなぜか。また、それはどの方向へ移動するのか。

43

車が左に急カーブをきったとき、人はカーブの外向きへ、すなわち右側へ、あたかも投げ出されるように感じる。それは、上半身は元の方向に【すなわちまっすぐに】動き続けようとする一方で、下半身は車の座席からの摩擦力によって引っ張られ左にカーブするからだ。こうして、人は回転の外向きに傾く。車中の空気も同様に、元の方向に動こうとするが、右の壁が空気をカーブするように強制する。この作用によって、車の右側の空気の密度が増す。空気よりも軽いヘリウムは、密度の濃い空気から薄い空気のほうへ浮いていく傾向があり、その結果、人のからだが傾くのとは反対の左向きに動くのだ。

暖かい空気は冷たい空気よりも密度が小さく、カーブする間は左向きに位置を変える傾向にある。運転者は、送風機の吹き出し口をあらかじめ顔のほうへ向けておかなければ、顔を横切る空気を感じるであろう。

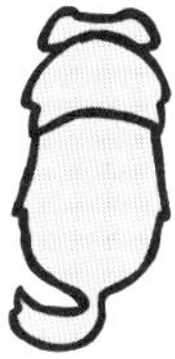

車の中にいれば落雷から身を守ることができるというのは本当か?

なぜ車の中にいる人は雷に対してたいがい安全なのか。なぜ飛行機は雷に対しておそらく安全でないのか。

車のボディーが電気を通すので、雷から隠れるのに車の中はたいへんよい場所である。もし雷が車に落ちたら、電流はたぶんその外側を流れるだろう。しかし、非電導性の屋根をもつコンバーチブル【オープンカー】はほとんど身を守ってくれないし、プラスチック製のボディーをもつ車に至ってはまったく用をなさない。雷雨のとき、車中にいる人は、車の外側や外部のアンテナにつながっているどんなものにも触れてはならない。雨は電気を通すので、雨で窓が覆われるように窓を締めておくことは役に立つかもしれない。通常、車には電導性の悪い四つの車輪があるが、だからといって車に雷が落ちないという保証は何もない。雷は、電導性の悪い空気中を何キロも跳んでやってきたのだから。

飛行機は金属でできているので、これも搭乗者を守ってくれる。しかし、非電導性の材質でつくられた飛行機は、いくぶんコンバーチブルに似ていて、あまり守ってくれない。

飛んでいる飛行機は、もちろん車よりも脆弱である。というのは、飛行のために要求される高感度の電子計器が、雷によって一瞬生み出される電磁場あるいは直接の電流により、損傷したり破壊されたりする可能性があるからだ。もし電流が、直接あるいはエンジンから放出された未燃焼の燃料蒸気を通して燃料タンクまで届くと、タンクは爆発する可能性がある。

雷が飛行機に落ちて機体を伝わっていくとき、電流がどういう経路で機体を流れるかは、雷が最初に落ちた場所がどこだったかによってたいてい決まる。落ちた場所が飛行機の前部なら、雷はたぶん機体を通り抜けて後部から出ていくだろう。もし後部付近に落ちたら、たぶんその近くから出ていくだろう。

飛行機は、雷のない雲の中でさえも、雷の放電を引き起こすことができる。ここに挙げたすべての理由のため、そして嵐でひどい乱気流が起きるので、パイロットは飛行機が雷を誘発しうる激しい雷雨と雲系を避ける。それでも結局、ほとんどの商業飛行機に雷は落ちる。

ミレニアム・ブリッジはなぜ揺れたのか？

一八三一年のイギリスで、マンチェスター近郊にあるつり橋を機甲部隊が渡っていた。想像するに彼らはおそらく、橋に生じた振動に歩調を合わせて行進していた。そのとき、固定していたボルトの一本が外れて橋が落ち、大勢の兵隊が橋の下を流れる川【アーウィン川】に転落した。その後ずっと、部隊が軽い橋を渡るときは、命令として歩調を乱すことになっているという。歩調を合わせた行進が、どのようにして橋を落下させる原因となりえたのか。

二〇〇一年のロンドンで、新世紀を記念するために、テートモダン美術館とセントポール大聖堂を結ぶ、低めのしゃれた歩道橋がテムズ川にかけられ公開された。歩行者の第一波がその上を歩きはじめたとき、この通称ミレニアム・ブリッジは激しく揺れはじめ、手すりにつかまらないとバランスが保てない歩行者も出たほどだった。揺れの原因は何だったのか。

似たような振動が、ダンスフロアや威勢のいいロックコンサート会場で起きうるのはなぜだろうか。

危険なのは、部隊が橋に生じた振動に歩調を合わせて行進すると、橋の支持部分を破裂させるまでに成長する振動を起こしてしまうということである（マンチェスターの例が実際にそうであったと断言はできないが）。だからその後、歩調を乱すことによって、部隊が橋をドンドン叩く動作はもはや協調（同期）することなく、振動は成長しなかったのだ。

ミレニアム・ブリッジを歩いて渡るとき、それぞれの歩行者は下方だけでなく右や左にも橋に力を及ぼす。そのような力は通常、人がからだを左右に揺すって歩くことで生じる。この左右の力は小さいが、橋が左右に揺れる振動数にほぼ一致する振動数（〇・五ヘルツ、すなわち一秒間に〇・五回）で橋の上に生じた。このような振動数の一致は「共鳴」の条件であるといわれ、遊び場のブランコの振動数と一致する振動数でブランコに乗った子供を押すと子供の揺れが大きくなるのととてもよく似ていて、振動は成長する傾向をもつ。

はじめは歩行者どうしの歩調はとても乱れていて、力はほとんど同期していなかったので、振動はゆっくり成長するだけだった。しかし、まもなく振動が十分に大きくなり、一部の歩行者は振動と歩調を合わせてバランスを保った。より多くの歩行者が歩調を合わせるにつれ、振動はなおさら成長し、歩行をするのがより困難になった結果、もっと多くの歩行者が歩調を合わせることになった。最終的に、橋の上の歩行者の約四割が歩調を合わせ、左右の揺れが相当なものとなって、上下振動をも引き起こしてしまった。エンジニアは、橋を正常に戻すために、橋の左右振動からエネルギーを抜き去る装置を設置し、そうして歩行者の歩調が合うことを抑えた。

おもに鉛直衝撃によるものであるが、同様の振動は、オフィスフロア、体育館、ダンスホールで起きる。とくに顕著となるのは、たとえばポゴダンスのような踊りで観衆が一斉にジャンプするときである。振動はコンサートの観客席でも、観客が足を踏み鳴らしたり、あるいは音楽に合わせて力強く拍手したりする場合にも起こりうる。このような観客の活動は通常一～三ヘルツの振動数を有している。もし、この値がダンスフロアや観客席の最も低い共鳴振動数に近ければ共鳴が生じる可能性があり、観客がつくる振動の振幅と加速度は顕著になるどころか、恐ろしくさえなりうる。共鳴と、そこから生じる可能性のある構造物の破損や崩壊を避けるために、建築条例は一般に構造物の最低共鳴振動数は五ヘルツを下まわらないようにすることを推奨している。

神道の湯立で、行者がやけどをしないのはなぜか？

日本の神道信者が実演した「湯立」は、「魔術」の一例である。この試練では、行者が一束の笹を熱湯に浸して湯の滴を空中に放り投げ、自分自身と熱湯が沸いている釜の下の火に振りかける。湯の滴が火に当たると大量の蒸気がどっと放出されるが、行者は無傷である。なぜ行者は熱湯によってやけどをしないのだろうか。

空中に放り投げられた熱湯は、たくさんの小さな滴の状態になっている。これらは急速に冷える。というのは、小さな滴が有する熱エネルギーはわずかで、それらはすばやく表面に移動し、そばを通りすぎる空気へ伝達されるからだ。そのため、小さな滴が行者の皮膚に当たっても、暖かいかもしれないが、やけどすることはない。もし同じ量の湯が一つの大きな滴として空中を飛んだとしたら、その表面積はばらばらの小さな滴の全表面積よりも小さく、空気に奪われる熱エネルギーは少なくなる。そのため、皮膚に当たるときは、ばらばらの小さな滴よりも熱く、やけどする可能性がある（もちろん、行者が熱湯をじかに皮膚へかけた場合には、湯は皮膚に当たる前におそらく一向に冷めておらず、きっとやけどをするであろう）。

第6章　川や海や空で

川はなぜ蛇行するのか?

なぜ川は直線をたどらず、曲がりくねって(U字形の湾曲をつくって)流れようとするのか。飛行機から眺めると、ひどく蛇行している川もある。そうした川の横に、三日月湖とよばれる、分断された水のループができる原因は何か。

蛇行は川の複雑な流れの中で偶然に始まるが、わずかな方向変化でさえもいったんできてしまえば、あとは水流が変化を増大させ、湾曲やさらにはループをつくってしまう。水流は、岸や河床に沿って土や岩を浸食することによって、このような変化を起こす。浸食の過程はたいへん複雑で、川の状況によって変わるのだが、ここでは単純化して説明してみよう。図24aは川の湾曲を上から見たところ、図24bは湾曲した川の断面を示している。水がこの湾曲に流れ込むと、あたかも外側に投げ出されるかのように、外側へ向かってらせん状に進行する。河床では、水の流れが河床との摩擦によって妨害され、外側への運動が少なくなる。一方、川の表面では外側への水の流れは妨害されない。よって、一般的に川が曲がりながら流れていくとき、水面では外向き、外側の土手では下向き、河床では内向き、そして内側の土手では上向きの二次流をともなう。この二次流は、外側の土手の土や岩を切り出し、少し下流の内側の土手にそれらを堆積させる。このようにして、外側の土手が徐々に削られ、湾曲は外側に成長していく。

　湾曲によるループが大きくなると、ループに入っていく曲がり角での浸食によってループが切り離され、これが三日月湖となるのだ。

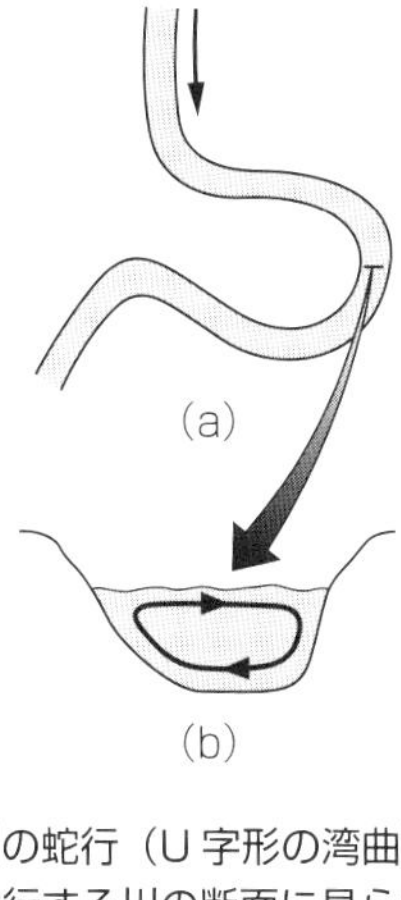

図 24　(a) 川の蛇行（U 字形の湾曲）を上から見た図
(b) 蛇行する川の断面に見られる二次流

48

川の土手は左右で侵食の度合いがちがうのか?

北半球では川の土手の右側が左側よりも平均して侵食が激しく、南半球では逆になるという説がある。この影響は確かに小さいし、他の要因によって消されるけれど、この考えが正しいかもしれないのはなぜか。

地球の自転は、北半球では右側に、南半球では左側に、川の流れを明らかに曲げることができる。この曲がりは、回転する表面から川の流れを見ているわけなので、見かけ上のものである。けれども、この曲がりは大規模なスケールの運動においてとてもはっきり見ることができる。低気圧周辺の気流はその例で、北半球にできるハリケーンのまわりの流れが反時計回りであることはよく知られている。ミシシッピ川のような大河の流れも、はっきりとした曲がりを見せるかもしれない。

水路の孤立波はなぜいつまでも消えないのか?

一八三四年、英国のエンジニアで造船技師でもあったジョン・スコット・ラッセルは、エジンバラ近郊の水路で奇妙な波を目撃した。一艘の船が【水路の両側から二頭の】馬に引かれて高速で進んでいたが、突然、馬と船が止まった。しかし、船首のところで盛り上がった水の山は止まるどころか、秒速約四メートルでそのまま水路を進みつづけた。この水の山は、高さが約三分の一メートル、水路を横切る幅が約一〇メートルあり、ラッセルは馬に乗ってこの山を追いかけ、約三キロメートル先の水路の湾曲部で見失った。彼は、波【水の山】が途中で減衰するように見えなかったことに、びっくり仰天した。流れの中で水をバシャバシャはね散らかしても、そうしてできる波はあっという間に減衰し、広い水域でさえ数キロメートルもきっと進まない。ラッセルの波は、ふつうの波と何がそんなにちがうのか。

船が水面波【水面にできる波】よりも速く水路を進むと、船首は水を押し出して船の前に水の山をつくる。もし、船の速さが波の速さよりもほんの少し速いだけなら、水はいくつかのくっきりとした形の山と谷をつくりだす。船がもっと速い場合には、谷が埋められ、かき集められた水は「孤立波」または「ソリトン」とよばれる一つ目立った山をつくる。

ラッセルは、船が突然止まったときに船から放たれた孤立波を見た。そのような波を扱う数学は難しいことで評判が悪いけれど、孤立波自身は単純である。通常、水を伝わる波は波長によって分けられる。「分散」とよばれる作用である。だから、水をバシャバシャはね散らかして、さまざまな波長をもった波の一団を送り出すと、波は進むにつれて消えていく一方で分散する。ところが、孤立波は、水面の変動は波自身によって増幅され、分散することを防ぐので、波の形を維持したまま進むことができる。実際、孤立波は、水の弱い粘性（内部摩擦）のためにエネルギーを少しずつ失いながら、とても長い距離を伝わる。

ふつうの波では、水の塊はその場で円あるいは楕円を描いて移動するが、波の進行方向には運ばれない。たとえば、池の水をバシャバシャはね散らかして波を送り出しても、水でなく波だけが池の表面を移動していくのだ。孤立波はこれと異なり、水を運ぶ。ラッセルはこれを示すために、馬で引いた多くの船から長い運河へ向けて孤立波を送り出させた。ラッセルは、運河の遠く離れたところで水の深さが増し、手前で（その分だけ）水の深さが減ることを発見した。

海岸の足跡がしばらく乾いたままになるのはなぜか？

濡れた砂（足で踏んでも砂粒がグルグル回るほどには濡れていない砂）を踏んでから足を上げてみると、足跡の中の砂が比較的乾いているのはなぜか。そして数分もすると、また砂が濡れた状態になるのはなぜか。

流砂【水を含んだ砂地で、人がそこに落ち込むとだんだん深みに入って抜け出せなくなる】の原因は何か。流砂から逃れる方法はあるのか。

足で踏みつける前、砂粒はほぼ限界までぎっしりと詰まっていて、水は砂粒と砂粒の隙間に入っている。砂が濡れているように見えるのは、砂の表面にある水が光を反射させるからだ。足で踏んだとき、砂のある部分は他の部分を乗り越えたり交差したりするので、砂はせん断される。この動きで、砂粒と砂粒の隙間が増える（せん断によって、初めはめぎっしり詰まっていた状態から体積が増えるので、砂は「ダイラタント」【膨張性のもの】であるといわれる）。水はすぐに砂の表面から移動して、砂粒と砂粒の間のより広くなった隙間に流れ込むため、砂の表面は比較的乾くのだ。数分のうちに、砂粒が動いて元のぎっしり詰まった状態に戻るか、あるいは周囲や下層の砂から補給された水が入り込むかして、砂の表面はまた濡れたように見えることとなる。

押せばへこむびん形容器に砂と水が入っているとして、やさしくゆっくり押し込めば、容器を少しへこますことができるだろう。こうすれば、砂粒はぎっしり詰まった状態からゆっくり動き、水もまた新たな隙間に染み出して砂粒を滑らかに動かすことが可能となる。しかし、容器を急に押すと、砂粒をかなり速く動かすことになり、水は必要な潤滑の役割を果たせない。これでは砂粒どうしの摩擦がとても大きくなって、容器を潰すことはまったくできない。

流砂は、自然に湧き出る泉などから水の流入を伴う砂床である。水の流入で砂粒はお互いに少し離れて動くことができ、水が潤滑の役割も果たして砂粒はお互いに滑りやすくなる。流砂に足を踏み入れると、滑る砂の中に沈み込んでしまう。もし足をすばやく持ち上げようとしてもがくと、流砂は突然堅くなり、足を動かすことはまったくできなくなる。困ったことに、急な動作で砂粒どうしの隙間を広げようとしても、砂粒どうしが擦れることで大きな摩擦が生じ、この動作を阻んでしまうのだ。

流砂は密度の高い流体であり、原理的には、その中に溺れるほど沈んでいくことはできない。理想的な状況下では、腰のところでからだを折れれば流砂の上に横たわることができるし、それから表面に沿って手を突き出して腹ばいで進めば、ゆっくりと足を引き抜くこともできる。しかし流砂の経験者は語る――荒野にある流砂は、この理想的な流砂よりもずっと危険であると。流砂は、よどんだ水や流れる水の下に隠れていることが多く、そこに落ちてたとえ深く沈まなくても、頭は簡単に水の中に浸かってしまうのだ。また、流砂の中に沈んでしまうので、水に浮く位置を通りすぎることになるが、水泳用のプールとちがって、ひょいと上に戻ることはできない。さらに悪いことに、砂を「クイック」【流れる状態】にする水の流れの方向を人が変えることもあり、そうなると、まわりの砂が堅くなってしまう。

専門家は助言する――流砂から確実に逃れる唯一の方法は、前もって逃れる準備をしておくことだと。もし流砂があると感じたら、脇の下・胸のまわりをロープで縛り、その人が落ちたら、別の人がロープの端を持って強く引っ張れるようにしておくべきである。

なぜ波は岸に平行に押し寄せるのか?

波は、風や遠くの嵐の位置によって、いろいろな方向から岸に押し寄せうる。【それなのに、岸に近づくにつれ】一般に、波が岸と平行になるよう向きを変えるのはなぜか(図25)。

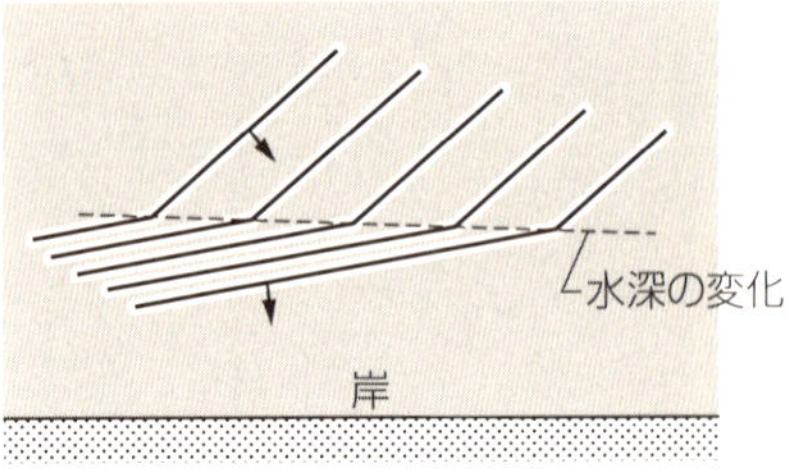

図 25　上空から見たとき、水深の浅くなるところで海の波が方向を変える様子

波が向きを変えるというこの性質は、光学で扱うおなじみのテーマ「屈折」である。その原因は水深が浅くなるにつれて波の速さが遅くなることにある。水深の深いところから浅いところへ波がしらが移動するとき、最初に境目を越える部分が遅くなり、【まだすべての波がしらは境目を越えていない】残りの部分よりも立ち遅れる。この遅れが波がしらによじれを生じさせる。水深の浅いところを遅く進む部分は、水深の深いところをまだ進んでいる部分に比べて、よりまっすぐに岸に向かって進むようになる。最終的にすべての部分が水深の浅いところに入り込み、波がしら全体がまっすぐに岸の方向へ向くのだ。

このとき、波の形も変化する。というのも、水上を進むように見える実体は、異なる波長をもつ数多くの波を足し合わせたものであるからだ。波がどれだけ遅くなり、そのためどれだけ向きを変えるかは、波の波長によって決まるので、個々の波の減速と方向変化の量は異なるのだ。【見える波はそうした異なる波が数多く集まったものだから、波の形も変化することになる。】

52

なぜ潮の満ち引きは起きるのか？

潮の干満は何が原因で起きるのか。ほとんどの海岸では一日に二回の満潮があるのに、一回しかない海岸があるという。それはなぜか。

簡単な答えがある。潮の干満のおもな原因は、海洋の水を引っ張る月の引力である。ただし、その力は水を持ち上げるほど強くはない。引力の強さは地球表面の位置によって異なる（月に近い側で最も強く、その反対側で最も弱い）ので、地球と月を結ぶ線にそって地球各地で水が引き伸ばされて分布が変わる。この引き伸ばしによって、月に面した側とその反対側の二カ所で海水が膨らむ【月の反対側では、面した側より大きな遠心力が海水に働く】。もし地球が自転していなければ、月に面した側の海岸は海水が膨らんでいて高潮（満潮）となるし、その反対側の海岸も同様である。しかしながら地球は自転しているので、どこの海岸もほぼ一日に両方の膨らみを通過することになり、したがって満潮が時を隔てて二回起きるのである。

ここに複雑な要因がある。海水が動くとき水どうしおよび海岸線からの摩擦を受けるので、海水の膨らみは正確に地球と月を結ぶ直線上にあるわけではない。摩擦があるために、月による引き伸ばしに対して、水の反応は遅れる。だから港町では、月が最も高く上って一時間以上経ってから、満潮を迎える。たとえばイギリス海峡では、水の運動がかなりの抵抗を受けるので、満潮を迎えるまでに何時間も遅れる。

もう一つ複雑な要因がある。太陽の引力もまた、広がった水を引っ張っていることだ。しかし、太陽の効果は、おおざっぱにいって、月のそれの半分以下である。太陽は月よりもずっと大きいけれど、月よりもずっと遠くにある。新月と満月のとき、太陽と月が一直線に並んでそれらの潮汐《ちょうせき》効果が合わさると、「大潮」とよばれる大きな潮の干満が起きる。太陽と月の方向が直角をなすときは、効果が合わさって「小潮」となる。このような複雑な状況によって、一日に一回しか満潮が見られない海岸もあるのだ。

完全な円形をした虹は存在するのか？

にわか雨が降ると虹が現れることがあるが、いつも現れるとは限らないのはなぜか。なぜ虹は円の一部（円弧）の形なのか。そもそも虹は完全な円形となることがあるか。虹はどのくらい遠くにあるのか、虹の端まで歩くことはできるのか。虹が見える時間帯は、だいたい早朝か夕方近くだが、それはなぜか。

通常、一つの虹しか見えないが、ある点を中心とする円弧の形に二つの虹がときたま見えることがある。その点とはどこか。二つの虹の色の並びが逆なのはなぜか。虹と虹の間に比較的暗い領域があるのはなぜか。上方の虹は下方のものよりも幅が広く、ぼんやりとしているのはなぜか。

虹の付け根がてっぺんよりもたいてい明るく赤いのはなぜか。低い虹の真下にときどき見られるかすかな細い帯はどうやってつくり出されるのか。

二つの虹の帯だけに色が見えて、雨が降った空中に色が見えないのはなぜか。もし三つめの虹が現れるとしたら、それは最初の二つの虹と近いところに出るか。雷は虹（の色）を変えることができるか。

虹は、落下する水滴が白色の日光をさまざまな色すなわち虹の帯に分解することで生じるもので、色が一つの帯、に集中する。明るい日光が水滴を照らす必要があるので、広く雲が覆っていると虹は見えない。光は、水滴に出入りするとき「屈折」する（光の経路が曲がる）。屈折の度合いは色に依存する。たとえば、青い光の経路は赤い光の経路よりも曲がるので、青い光と赤い光は少し異なる角度で水滴を出ていく。

最もよく見られる虹に含まれている光線は、水滴に入るとその内部表面で一度反射し、それから水滴を出てくる。この虹は一度しか反射しないので「主虹」あるいは「一次の虹」とよばれ、青よりも赤が上にくる。「二次の虹」【副虹】は内部表面で二度反射するが、伴う光の経路の幾何が異なるので色の並びは主虹の逆になる。二度目の反射は水滴の中で色をより広げてしまうので、幅が広く薄暗い弓形になる。その弓形が薄暗いのは、光が反射点で水滴から外に出ていくので一部が失われ、虹を輝かせるための光が少なくなるせいでもある。

光が当たっている落下雨滴はすべて光を反射して色を分解しているが、ある角度の雨滴だけがたまたま観察者に向けて色の付いた光線を送ってくる。主虹をつくる水滴は、観察者から見て太陽の位置と真反対にある「対日点《たいじつてん》」から約四二度の方向になくてはならない。虹の水滴を見つけるには、伸ばした腕を対日点（頭の陰にある）から上方あるいはどの方向でもいいから四二度の方向に傾けてみよう。このとき腕は主虹をつくる水滴を指している。副虹をつくる水滴は対日点から約五一度の方向だ。

水滴は対日点に対してある角度をなしていないといけないので、虹はその点のまわりに円弧を描くようにできる。飛行機の中のような高い位置からなら、完全な円として見える可能性がある。虹と観察者との間には実際の距離がない。それは、適切な角度にある水滴はすべて（距離に関係なく）色を発することができるからだ。だから、夢を実現させようとして歩いてみても、虹の端には到達できないのだ。また、見える虹は一人ひとり異なっていて、隣に立っている人は別のひと組の水滴から出てくる色を見ている。

虹がたいてい早朝か夕方近くに見えるのは、日中は対日点が水平線のずっと下にあるからである。それでも、高い地点から水滴を見下ろせば、虹を見ることができるかもしれない。

三次と四次の虹（それぞれ水滴内部で三度ないし四

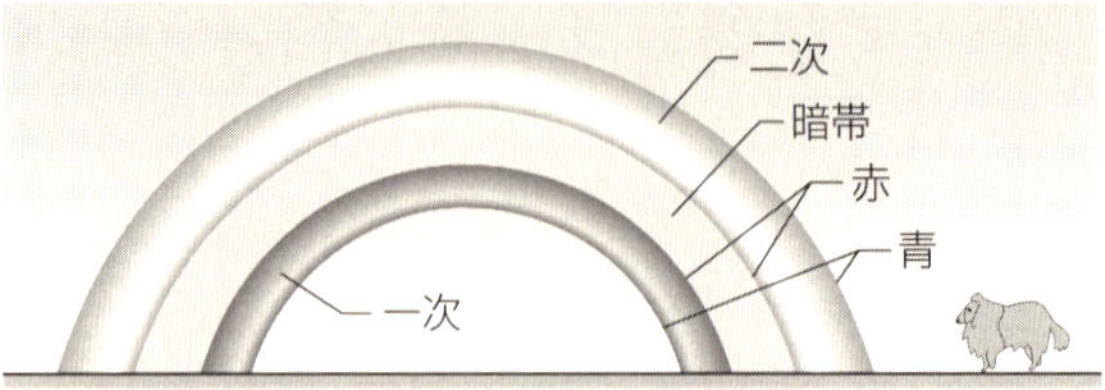

図 26　虹の構造

度反射する）は、太陽のまわりに（対日点よりもむしろ）円弧を描くが、薄暗すぎてギラギラ光る空には見えない。三次の虹が見えたという報告はほとんどないが、見えるとすればその色は氷の結晶によるものと思われる。五次の虹（水滴内部で五度反射する）は一次の虹と二次の虹との間に出るが、他の高次の虹と同様、とても薄暗くて見ることはできない。

一次の虹と二次の虹との間の領域は、虹のすぐ下とすぐ上の領域に比べて暗い。というのは、虹の上下の水滴からは観察者に向かって光が届くが、中間領域の水滴からは届かないからである。

虹の付け根はしばしば虹の頂点よりは明るく赤い。それは、頂点をつくる水滴には大きさや形といった要因がいくつかあるからだ。虹の色は、大きい水滴のほうがより際立つはずである。というのは、大きな水滴中には多くの光の経路があり、色をもっと分解させるからである。しかし、大きな水滴が落下するときは、空気抵抗を受けて水滴は平らになる。付け根をつくる水滴では、光が水滴の水平な円形横断面を通過する。そのような横断面は、明るく際立つ色をつくるには理想的である。虹の頂点をつくる水滴は、光が円形でない横断面を通過するので、ぼんやりと際立たない色になるのである。

付け根が明るいのは、覆いかぶさる雲の塊の下をかいくぐってくる日光によって水滴がより照らされるからでもある。もしその光が空中の長い距離を伝って水滴に到達する間にスペクトルの端の赤色以外の色すべてを失ったとしたら、脚部は赤くなる。

一次の虹の真下と（さらにまれな）二次の虹の真上に見られるかすかな色の帯を「過剰虹」とよぶ。それらからわかることは、虹の色は単なるプリズムのように振る舞う水滴からはつくられないということである。実際は、虹は各水滴を通って重ね合った光波によってつくられる「干渉模様」なのである。通常見える色は、干渉模様の最も明るい部分である。たとえば明るい赤は、赤い光の重なった波が同調し、お互いに強め合ったところに見えるのだ。

もし水滴が近似的に同じ大きさだったら、かすかに過剰虹が見える可能性がある。水滴の大きさが一様でないなら、この過剰虹は重なって見分けがつかず、全体としてぼんやりとした白いあかりが見えるだけである。

虹の単純なモデルは、約〇・一ミリメートルよりも大きい水滴についてはうまく説明できるが、もっと小さな水滴に対してはさらに複雑なモデルが必要で、まだ研究中である。

雷は水滴が振動する原因となり、水滴の形が変形するために、色を不鮮明にしたり除去したりする。水滴が落下するとき空気の緩衝によって生じる振動によって色が不鮮明になることもあり、大きな水滴ではとくに顕著である。

54

なぜ日中の空は明るいのか？

日中、空が明るいのはなぜか。明らかに、大気はどういうわけか、見る人に向けて光を曲げている。しかし空気が透明なら、なぜ日光は曲がらずに空中を通過しないのか。

この問題はしばしば「レイリー散乱」の観点から答えられる。それは、空気分子にぶつかって光がどのように散乱するかについてのモデルである。アルバート・アインシュタインは、この答えが完璧なら日中は空が暗くなるはずだと指摘した。

彼の議論を理解するために、あなたに向けて光を散乱する頭上の空気分子を一つ考えてみよう。話を簡単にするために、日光はただ一つの波長しか持たないものと仮定する。あなたは、最初の分子からあなたに伸びる経路上にある他の分子が散乱する光も受け取る。その分子には、それからあなたに送る光波が最初の分子からの光波とちょうど位相を反転した【一方の波の山が他方の波の谷に重なる】状態で届く場所に位置するものがあるはずだ。これら二つの波は相殺して暗くなる（図27）。平均すれば、各分子には、あなたに送る光を相殺する相棒分子があるので、あなたは光を受けないはずであり、空は太陽に真っ直ぐ向く方向を除いて暗いはずである。これは正しいか。

光はレイリーモデルに従い、空気分子にぶつかって散乱し、アインシュタインの指摘は正しいはずである。しかしながらアインシュタインが気づいているように、大気の密度は一様でないので、空は暗くないのだ。そのうえ、分子は絶え間なく動いて一時的に集まるので、いかなる瞬間でも各分子から散乱された光が相棒分子によって消される可能性はない。空が明るいのは、空気分子の密度が一様でなく、時間の経過とともに変動するからである。

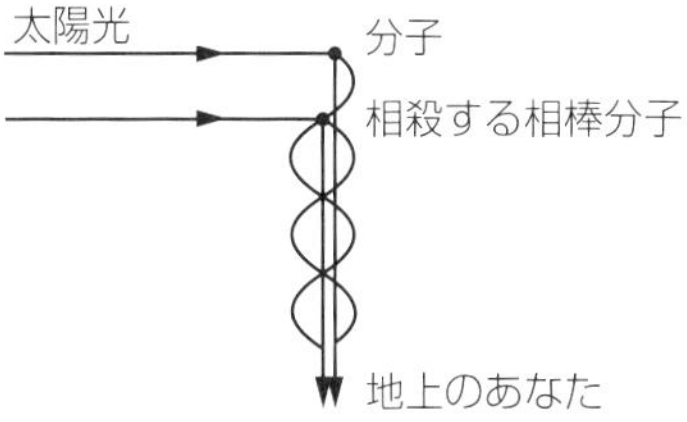

図 27　半波長分ずれて位置する 2 つの分子によって散乱された 2 つの光波は相殺される。

たそがれに空が青くなるのはなぜか？

日没時に頭上の空がより青く変わるのはなぜか。夕焼けは赤いのだから、赤くなるはずではないのか。

日没時、頭上から散乱してくる光は、大気と成層圏のオゾン層をも通る、傾いた長い経路に沿ってやってきたものだ（図28）。オゾンはスペクトルの赤いほうの光を吸収するし、光はずっと遠くからそのオゾン層を通って伝わってくるので、あなたの方に散乱される前でさえ、その光はすでに青に偏っている。青色へのこの変化によって、日没時、とくに太陽が水平線に消えてから約二〇分後、頭上の空は特別に青くなるのだ。

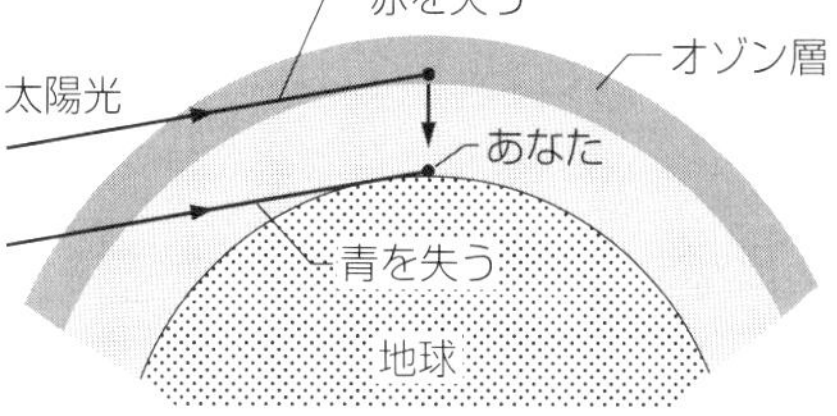

図28　下層大気を通過する太陽光は赤くなる。
オゾン層を通過する太陽光は青くなる。

56

地平線上の太陽がゆがんで見えるのはなぜか?

澄んだ地平線上の低い位置にある太陽は、本当の姿である円形に見えず楕円形に見えることがある。また、水平な層に分裂して何か別の形（大文字のオメガΩのよう）にゆがんだり、像が分離したりする。太陽はなぜこのように変化して見えるのだろうか。

太陽が低い位置にあるとき、その像は上方にずれて見える。というのは、光が地球の大気を通過する間にその経路が屈折する（曲げられる）からだ。さらに、大気の密度は上方に行くにつれて低くなるので、太陽の底部の像は頭部よりもさらに上方にずれる。このずれのちがいによって、像の高さが減る。水平方向の幅は変わらないので、像は鉛直方向に短軸をもつ楕円形となるのだ。像のずれはとても大きく、まさに像が水平線に届いたそのとき、実際の太陽は曲がった地平線の下に位置している可能性がある。

太陽光が静かな水面に反射したり、温度が変化する大気層を通過して屈折したりすると、像はもっと複雑にゆがむ。下層大気の単純なモデルによれば、高度が上がるにつれて大気の温度は下がるが、もし温度がたまたま上がる層があった場合に、屈折の変化によって太陽が重なって見えたり、分離した断片からできているように見えたりするという。これらの層は、通常の像の底部とつながるように見える太陽の蜃気楼もつくり出することができる。全体として誰が見ても円形でない像を生み出すのだ。

57 月でいつも兎が餅つきしているのはなぜか？

月の片側しか見えないのはなぜか（見えるものに変化があるものの、たいしたちがいではない）。月は地球のまわりを回っているので、月のすべての表面が見えるはずではないのか。

地球の重力場の強さは、地球からの距離によって変化する。したがって、重力場は月の向こう側のほうがこちら側よりも弱い。この場のちがいが月に潮汐《ちょうせき》効果を引き起こし、向こう側に一つ、こちら側にもう一つのわずかな膨らみができたので、月は球形ではない。これらの膨らみがあるために、月が地球のまわりを回る間、地球の重力場は月をその中心のまわりに回転させる原因となる。この結果、月はいつも（ほぼ）同じ面を地球に見せるのである【図29】。太陽系のその他多くの天然衛星も、公転する惑星に同じ面を向ける。

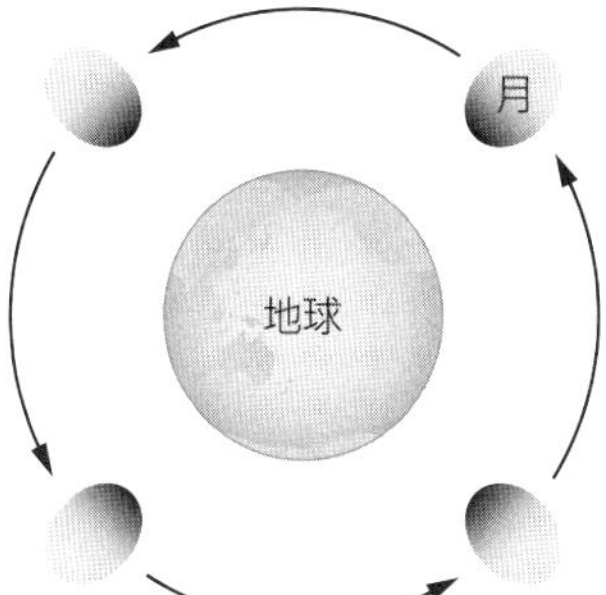

図29　月が地球につねに同じ面を向ける。

58

満月の日に、出産や事故が増えるというのは本当か？

出産、車の事故、病院の緊急治療室への入院、攻撃行為、その他の人間活動の多くは、満月の日に増えると多くの人は信じている。月はいったいどのようにして、この月齢効果を及ぼすのか。この効果は、月の重力によるものか、心理的なものか、あるいは実在しないのか。

重力が原因となりうるか。いや、人を引っ張る月の重力は感知できないほど小さい。もし感知できるほど重力が大きいものならば、月が空に上がるにつれその効果を感じ、そのためいくらか月に近づき、からだにかかる月の引力を増やすことになる。月が空高く上がったとき、体重が軽くなったように感じるだろうか。いや、もちろん、そんなことはない。

重力による潮汐効果が、原因となりうるだろうか。月はたしかに、潮の干満によって、容易に観察できる大きな効果を海洋に及ぼしている。何らかの形で、人も同じ効果に反応するのだろうか。いや、潮汐は、地球を横断する方向の月（と太陽）の重力変化によるものである。そのような長距離にわたる重力の変化が、水の膨らみをつくりだすのだ。地球は自転しているので、ある海洋領域はこの膨らみを通りすぎて満潮となる。人のからだの縦（あるいは横）方向の月の引力変化は小さすぎて、潮汐効果のようなことは起こりえない。したがって、これも答えではない。

しかし、どうして重力までも考えるのだろうか。「満月」という言葉が意味するところは、（私たちから見た）月の全面が太陽によって照らされているということだ。月が照らされる度合いは、月が私たちに及ぼす重力をけっして変えない。したがって、月齢効果は心理的なもの、と推測できる。すなわち、たまたま明るい都市の照明の中で暮らしていたり、夜に外出したりしなくても、闇夜の光が私たちの活動をなぜか狂わせていると思えるのだ。

悲しいことに、出産、車の事故、病院の緊急治療室への入院、攻撃行為、その他多くの人間活動の数を、月の相に対してグラフに描いてみても、実は満月のときにピークがない。月齢効果は、よくわかるはずの医療従事者の間でも、単なる伝説にすぎない。

星はなぜキラキラ輝くのか?

太陽に照らされた道路のように熱い表面や炎の上の空気を通して遠くのものを見るとき、像が小刻みに揺れるのはなぜか。この効果は「光学シミー」【シミーとは、一九二〇年ごろ米国ではやった、上半身をゆすって踊るジャズダンス】とよばれる。遠く離れた車道上では見られるのに、足元の車道上でこんなゆがみ現象を見るのが難しいのはなぜか。

星はなぜキラキラ輝くのか。冬よりも夏のほうがキラキラと輝くか。ときおり星の色が変わるのはなぜか。なぜ月や惑星はキラキラ輝かないのか。宇宙から星を見ても、やはりキラキラ輝くのだろうか。

シミーは、熱せられた表面がつくりだす乱(気)流によるものである。物体からの光が乱流の中を通るとき、絶え間ない空気密度の変動によって光はでたらめに変化する方向へ曲げられるので、物体の像はゆがんで踊るのだ。

シミーが感知されるためには、通常、光は熱い乱(気)流の層を通る長い道のりを進んでこなければならない。舗装道路のような熱い表面をほぼ真上から眺めただけでは、光が乱流を通過する距離が短すぎてシミーを見ることはできない。しかし道路を斜めから眺めれば、光はずっと長く乱流中を通過してくるので、シミーを見ることができる。たいていの場合にこの要件が意味することは、道路の遠くの部分のように、熱い表面が遠くになければならないということだ。たとえ遠くにあっても、もし道路の構造が一様ならシミーは感知できないかもしれない。道路が縞模様のようにくねくね曲がっていれば、シミーはずっと感知しやすい。

ときおり、シミーと関連した効果を目にすることがある。つかの間、ぼんやりした影が平らで白い面上に出現する。それは、乱流を通過する太陽光を乱流が屈折させるからだ。屈折はときどき、太陽光線を集めて比較的明るい部分をつくったり、太陽光線を広げて光が分散した比較的暗い部分をつくったりする。冷たい空気の下を暖かい空気が流れるといった不安定な配置も、シミーやぼんやりとした影をつくり出すことができる。暖かい空気は冷たい空気よりも密度が小さいので、二つの温度間の境界は不安定であり、ある領域では光を集め、別の領域では光を広げることができる、波のような形になりやすいのだ。

星の光が大気によって同じような屈折変動を受け、星の見かけの位置がわずかにそしてすばやく変わる。見かけの運動が目に見えるのは、視界の中で、星が暗い背景の中の輝点であるからだ。さらに、屈折変動は届く光波の位相を変える。光波が「同相」で（同調して）届くとき、干渉によってそれら光波が強め合うので星は最も明るくなるし、光波が「逆位相」だと、干渉によってそれら光波が弱め合うので星は最も暗くなる。

人間の視覚系は短い距離にわたる星の像を重ね合わせるが、位置と強度の変動はやはり目に見える。もし宇宙空間にいたら【真空では乱気流がないので】星はキラキラ輝かないだろうが、光は目の中で散乱するのでやはり小さな複数の点をもつ形に見えるだろう。

月と惑星は、視界の中では大きすぎてキラキラ輝かない。たとえば、月の各点はちょうど星のように揺れ動くけれど、それは暗い背景の中で孤立した光の点ではないので、揺れ動きは感知されない。

星は夏のほうがキラキラ輝く。というのは、太陽によって日中さらに暖められた大気が冬よりも不安定になるからだ。

もし星が澄んだ水平線近くにあれば、色も変動する可能性がある。星の光は大気中を通って長い道のりを伝わるので、空気分子、ほこり、そして微粒子が散乱できる光の色成分がある。だから、星はもはや、たぶん白色であるもともとの色でなくなるのだ。散乱の絶え間ない変動が、見える色を変えるのである。

第7章　スポーツや音楽で

短距離走では、トラックの外側レーンが有利か？

同じ距離を走る場合、曲線トラックよりも直線トラックのほうが一般的に速いのはなぜか。トラックが平坦で小判形のとき、距離がたとえ同じでも、内側よりも外側のレーンを走るランナーのほうが概して有利なのはどうしてか。そんなトラック上の競争スピードは、なぜ小判の形に依存するのだろうか。

カーブに入るとランナーは減速する。そして、カーブを過ぎると加速して直線スピードまで戻す。どんな旋回でも旋回中心に向く向心力が必要だが、この場合の向心力はランナーの靴に働く摩擦力によって与えられる。靴に内向きの力が働いている間、ランナーのからだはあたかも外側に投げ出されるかのように旋回中は外側に傾きがちである。だから、バランスを保つために、ランナーは減速して力を減らし、内側に傾いて、外側に傾く傾向を相殺するのだ。曲がりが鋭ければ鋭いほど、ランナーはより大きく減速し（内側へ）傾斜しなければならない。このために、（小さい曲率をもつ）外側のレーンを走るランナーは、（より大きい曲率をもつ）内側のレーンを走るランナーよりも、一般的に有利なのである。【曲率とは、曲線の曲がり具合を表す量であり、曲線が円弧のときはその円半径の逆数となる。】

トラックが平坦で小判形の場合、曲線部分走行の総量が競争スピードをある程度決める。一般的に、細長い小判形よりも丸っこい小判形のトラックのほうが、より速い競争となる。というのも、小判形の曲線部分は、細長いものよりも丸っこいほうが曲率は小さいからである。（いうまでもなく直線以外で、）最善の形は円である。曲率が最も小さいからである。【平坦な小判形トラックを二つの直線部分と二つの半円部分を組み合わせた形とすると、その半円部分の曲率が最も小さくなるのは、直線部分がない円形トラックである。自明ではないものの、ランナースピードと曲率のある経験的関係を仮定すれば、（半円部分が極端に少なく直線形に近いトラック以外では）円形トラックで競争スピードが最も速くなる。】

背面跳び（フォスベリー・フロップ）の利点はどこか？

初めて高跳び競技に挑戦する選手は、腰から上を前傾させながら、片方の足をバーよりも高く蹴り上げ、もう片方の足をそこに引きつけるようにして、バーを跳び越そうとするだろう。もう少し高く跳ぶには「ストラドルジャンプ」【ベリーロールともいう】という跳び方が有効で、顔を下に向け、からだをバーと平行にしたまま体を回転させ、要はバーをまたぐようにして跳び越すのである。

一九六八年、メキシコ市オリンピックの高跳び競技において、ディック・フォスベリーは奇抜な跳び方で優勝した。それは現在、「(フォスベリー・)フロップ」【背面跳びともいう】として知られている技法で、ほぼすべての高跳び競技者が用いている。フロップでは、選手が決まった速さでバーまで走り、それからからだをひねって跳び上がり、顔を上に向けたまま仰向きにバーを越える。このような跳び方にどんな利点があるのか。決まった速さでバーまで助走するのはなぜか。選手がより速く走れば、より高く跳ぶためにより大きなエネルギーをかならず得るだろうに。

高跳び競技で記録される「高さ」とは、いうまでもなくバーの高さであって、選手の頭やからだが届く最大の高さではない。ジャンプしている間に、選手は重心を高さLまで上げることができると仮定しよう。選手がバーを跳び越す場合、からだがバーに接触しないためには、バーの高さはLよりもかなり低くなければならず、バーの位置はさほど高くはならない（図30 a）。ストラドルジャンプの場合、からだがバーと平行になり、バーが重心にずっと近い位置にある状態でバーを越えることができるので、バーの位置を高くできる（図30 b）。フロップの場合、バーの回りにからだを曲げることによってからだの下にある点まで重心が下がるので、選手はストラドルジャンプのときよりも高いバーを跳び越えることができるのである（図30 c）。フロップでは、最後の瞬間、からだをひねり、後ろ向きに跳び上がることで、さらに強い踏み切りが得られる。

助走の動作が、たとえば短距離走と比べてゆっくりしているのは、ジャンプを成功させるための鍵が、そつのない演技にあり、タイミングが最も重要であるからだ。助走の最後に、選手は軸足をからだの重心の十分前の位置に立て、それから軸足を曲げるにつれてからだをその足のまわりにひねる。この一連の動作によって、助走の運動エネルギーの一部を、曲げる足に蓄えることができるのだ。その足が地面を押すにつれ、反動で選手のからだは高く上昇し、蓄えたエネルギーの一部と筋肉の活動によって得た付加エネルギーは、やはり選手の跳躍に使われるのである。

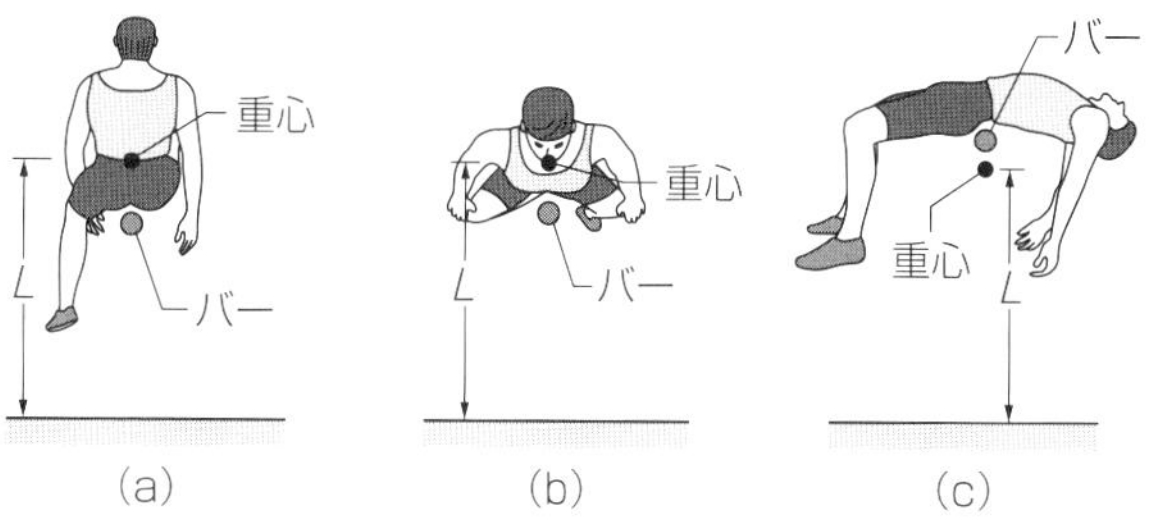

図30 ハイジャンプのスタイル
(a) ハードル (b) ストラドル (c) フロップ

バッターは投手の投げた球がバットに当たる瞬間を見ることができるか？

熟練した野球選手のテッド・ウィリアムズは、投手が投げたボールがバットに当たる瞬間が見えると断言した。ボールが自分の前を通りすぎる間に、ボールの縫い目とボールにかかった回転が見えると断言した選手も複数いる。選手は本当にそんなものが見えるのだろうか。ボールが投手の手もとを離れた瞬間から、ボールがホームベースを通り越したり、バットに当たったりするまで、選手はボールを目で追いつづけているのだろうか。

野球をするのに、選手は目を二つ働かせる必要があるか。明らかにそうではない。では、片目しか働かない選手は、どのようにしてボールの距離と軌道を見極めているのか。同じように、車を運転したり飛行機を操縦したりするとき、片目しか見えない人はどのようにして視野における奥行を決めているのか。たとえば、飛行機を着陸させるには必ず奥行きの知覚を必要とするが、それでも有名なパイロットのウィリー・ポストの視覚は片方に限定されていた。

プロの野球選手がホームベースを前に右のバッターボックスに立っているものとする。投げられてからホームベースを通過するボールを追う場合、選手は視線を投手から右方向に回転させなければならない。じょうずな選手のほとんどは、ボールがホームベースから約一・七メートルの距離に来るまで視線を回転させることができるが、その後は速すぎて追いつけない。しかしながら、選手はボールとバットがどこで当たるかを予想して、視線をその場所まで跳躍させれば、ボールがバットに当たる瞬間を見ることができるのだ。テッド・ウィリアムズはおそらく、「サッカード」とよばれるそのような視覚跳躍を用いて、ボールがバットに当たる瞬間を見たのだろう。

ボールの視覚追跡に、もう一つの因子も関係しているだろう。どうやら、視覚系は、たとえ物の位置は知覚できなくても、物の動きの奥行きは知覚できるようだ。この能力は明らかに生きていくうえで必要な要因だ。物がある瞬間どこにあるかきっちりわからなくても、物がこちらに向かってくるかどうかはわかるのだ。動いている物の奥行きは、片目で知覚できる。だから、片目しか働かない人も、スポーツができて、飛行機が飛ばせるのだ。両目が機能するとき、脳はそれぞれの目に映った相対運動を比べることができる。たとえば、物体が右目では左に動いて見え、左目では右に動いて見えるとすると、そのとき物体はあなたへ真っ直ぐ向かってきていることになるのだ。

外野へのフライボールをうまく捕球するコツは？

高く上がるフライボールが外野に打たれたとき、外野手はどのようにして捕球すべき場所（球の落下地点）を知るのだろうか。適切な地点にあらかじめ走っていき、そこで落ちてくるボールを待つ外野手もいれば、速さを測って走りボールが落ちてくる地点にちょうど到達する外野手もいることだろう。どちらにしても、プレーの経験がものをいうことは確かであるが、外野手を誘導できる、ボールの運動に隠された手がかりはあるのだろうか。

外野手の巧みな技の例として、かつてベーブルースがフィラデルフィア・アスレチックスのジミー・フォックスが打った高いフライをどのように捕ったかを、オバーリン大学のロバート・ワインストックは物語る。ルースは、フォックスからの飛距離の長いフライボールを予期しながらレフトの後方深く守っていたが、フォックスが打ったボールは斜めに空高く上がり短い距離しか飛ばなかった。ボールを打った音が届くやいなや、ルースは外野の正確な落下地点に走り込み、待ち、そしてそれからボールをグローブに捕らえた。

外野手はフライボールの捕球に多くの手がかりを用いるが、二つの角度が重要であるようだ。一つは鉛直角【迎角】αであり、これは外野に向かって飛んでくるボールを外野手が見上げる角度である（図31a）。もし外野手が最初からボールを捕る適切な位置にいるとしたら、その角度は大きくなっていくが、その大きくなる率は減っていく（最初は急激に大きくなり、その後はゆっくり大きくなる）。もし外野手が近すぎたら（外野手は後退しなければならないが）、鉛直角は加速的に大きくなる。もし逆に遠すぎたら（外野手は前進しなければならないが）、鉛直角は最初大きくなっていくが、その後に小さくなりはじめる。外野手は、ボール飛行の後半に、その鉛直角が適切な減速率をもって大きくなるまで移動すべきことを経験的に知っているのである。

フライボールが外野手の左か右にそれて打たれた場合は、もう一つの角度が重要となる。ボールが外野に向かうにつれ、外野手から見ると、飛んでくるボールは角度θをなして水平に移動する（図31b）。外野手は、この角度が一定の割合で大きくなるように走るのである。この方法によって、外野手は最後の瞬間にダッシュすることなく、ほとんど一定の割合で適切な捕球地点まで走れるようになる。これらを本当にうまくこなすには練習が必要であるが、簡単にできるはずである。というのは、（犬に取り付けたビデオカメラが明らかにしたように、）投げられたフリスビーを口でキャッチする犬が同じ手法を用いるからだ。

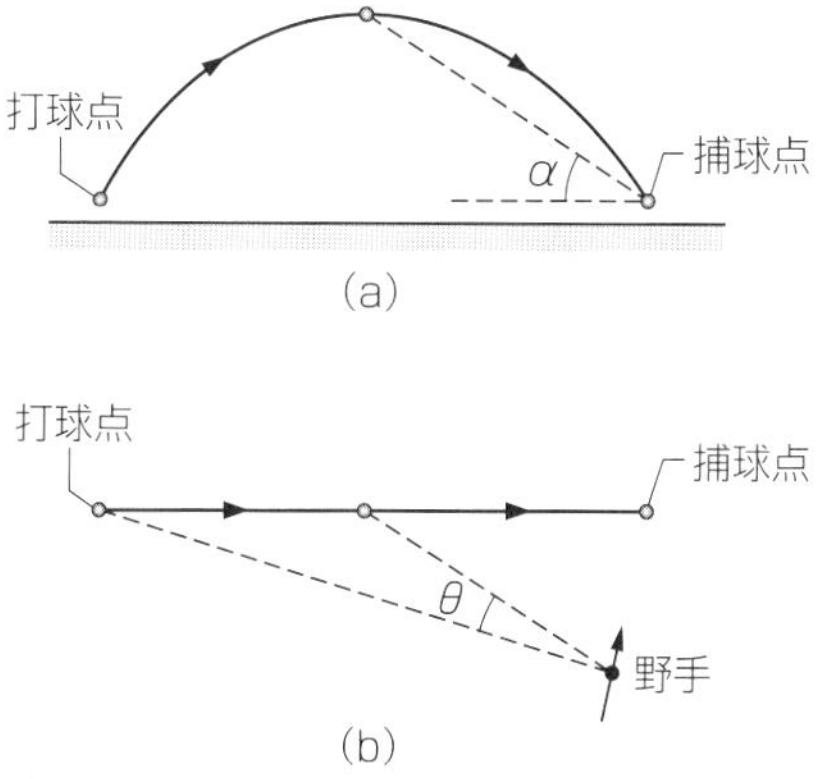

図 31　(a) フライボール経路の側面図
(b) 同経路を上から見た図

バスケットで、シュートを決めるうまいボールの投げ方は？

バスケットボールは、もちろん、技量と運が勝敗を決めるゲームである。シュートを決める確率を上げる最善なボールの投げ方は何かあるのだろうか。たとえば、ボールは高く孤を描いて投げたほうがよいのか、それともより平らな軌跡としたほうがよいのか。また、ボールを回転させると役に立つのはどんなときか、それが望ましくないのはどんなときか。

フリースローとは、選手がバスケットから約四・三メートル離れた地点から一人自由にシュートするプレーのことだが、そのとき選手は次の二つの投げ方をする。一つは「オーバーハンド・プッシュショット」といって、肩あたりの高さからボールを押し出して放り投げる技法。もう一つは「アンダーハンド・ループショット」といって、ベルトの高さあたりからボールを持ち上げて放り投げる技法だ。プロの選手は圧倒的な多さで前者の技法を選ぶが、伝説的な選手リック・バリーがフリースローシュートの記録をつくったのはアンダーハンド技法だった。ある技法が、シュートを決める確率を本当に上げるのだろうか。

ボールに適切な速さをもたせることができれば、コートのどんな位置からでもボールをバスケットに通すように放つことのできる角度は広い範囲にある。ここで、ボールの直径がバスケットの直径よりも小さいという事実から、ボールを放り出すときの速さにはある程度の誤差範囲が許される。もし低い角度を選んだとすると、その許容範囲は小さく、選手はかなり正確に角度を調節しなければならない。しかもボールに大きな速さを持たせる必要があり、そのためにはより大きな力を要し、その結果、正確さに支障をきたすことになる。もし代わりに、中くらいの角度を選んだとすると、許容される速さの誤差範囲はより大きくなり、速さと力はより小さくなる。したがって、シュートを決める可能性をあげることになる。さらに大きな角度の場合は、許容される誤差範囲は近似的に同じであるが、要求される速さと必要な力はより大きくなるので、大きすぎる角度は望ましくない。

新米の選手は、たいてい平らすぎる軌跡を描いてボールをシュートするが、ベテラン選手になると、練習を通して学び、孤を描いてボールをバスケットに入れる。ボールを放つ高さが高いほど、放つときに必要な速さは遅くなるはずなので、背の高い選手は有利である。この高さの有利さはとても大きいので、敵がからんでいなくてもジャンプしながらボールを放つ選手もいる。逆回転をかけたボールがたまたまバスケットの代わりにバックボードにあたった場合は、回転によって生じた摩擦力によって、ボールがリバウンドしてバスケットに入る可能性がある。シュートを側面から打つときは、ボールに横回転をかけることがやはり有効である。

アンダーハンドのフリースローは、オーバーハンドよりも成功する確率はとても大きいが、その理由についてはいまだに議論されている。アンダーハンドは投げやすいから成功するのかもしれないが、より大きな利点は、この投げ方だとボールにより大きな逆回転をかけることができる事実にあるようだ。逆回転をかけると、的をはずれてバックボードにあたったシュートでもバスケットに入りやすいからである。

ボーリングでストライクをとるボールの投げ方は?

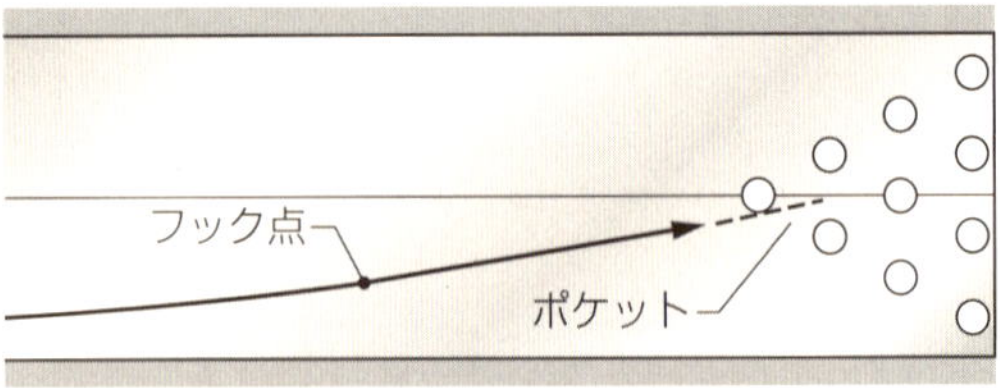

図32　ボーリングボールの経路

ボーリング（図32）で一〇本のピンをすべて倒すストライクをなるべくとるためには、どのようにボールを投げるべきか。初心者はレーンの中央からヘッドピン（中央最前のピン）をねらうが、ベテランボウラーはレーンの端から横回転をつけてボールを投げる。ボールはレーンの途中で切れて、あるいはフックして（すなわち急に進路を変えて）斜め方向からピンに向かっていくように見える。理想的には、ボールがポケット（ボールがレーンの右側から投げられた場合、通常は右側のポケット）とよばれるヘッドピンの側面に入っていくはずだ。

ボールが切れるというのは現実か錯覚か。そして、角度をつけてボールをピンの並びに当てるというベテランボウラーの投球方法は本当に正しいものであろうか。

初心者の投げ方でストライクをとることは、少なくとも二つの理由で難しい。一つ目は、正面からヘッドピンに当たった場合、ボールはピンの並びを突き抜けていけるが、いちばん右奥といちばん左奥のピンは立ったまま残りそうである。二つ目は、ボールが的から少しはずれたら、ヘッドピンとぶつかってボールは激しく脇にそれ、その結果、残りのピンを倒せない可能性がある。

もしボールがポケットを通ってピンの並びへ斜めに入れば、大きな跳ね返りはめったに起こりそうにないので、より多くのピンが倒れるだろう。もしボールの進路がレーンの中心線に対して数度の角度をもっていて、しかもボールがヘッドピンに横から適切に当たれば、ピンが並んでつくる三角形両辺の外側ピンはドミノの要領で次々に倒れ、そしてボールは内側にある二本のピンに突入する結果、そのうちの一本がもう一本のピンに倒れかかる。

ポケットに進入するボールの角度は、直進する速度に対する横回転速度の初期比率に依存するし、ボールがレーンを転がるにつれて増える摩擦にも依存する。通常、レーンは手前約半分程度の長さに油が塗られており、ボールとの摩擦を減らしている。ボールは投げられた直後、油が塗られたレーンを転がらずに滑り、曲がりながらピンに向かって進む。そして、油の塗られていない乾いたレーン上のどこかで、突然ボールが滑らずに転がりはじめたとき、その経路はまっすぐになる。フックとは、転がりはじめる直前の、ボールがたどる、きつく曲がった経路のことである。ボウラーがボールをフックさせる能力は、ボールの経路での摩擦変化に主として依存するが、指穴のためにボールが均一な球でないという事実にもいくぶん影響されている。

スキーはなぜ滑るのか?

なぜスキーの板で雪の上を滑ることができるのか。

スキーの板が雪の上を滑らかに移動できるのは、板と雪との間の摩擦が雪の一部を溶かして、薄い潤滑層をつくるからである。スピードを出すと、多くの熱エネルギーを生み出すので、よく滑ることが多い。一方、もたもたしていると、エネルギー生成が少ないので、滑ることは難しくなりうる。

熱エネルギーの伝導が悪いスキー板が有効なのは、熱エネルギーを板の先端まで伝えずに、板と雪の接触面に蓄えるからである。暗い色のスキー板のほうが明るい色のものよりも赤外線を多く吸収する場合、日光が当たると暗い色の板のほうが暖かくなるだろう。もしそうなら、暗い色の板のほうが、曇天の広がった光においてさえよく滑るだろう。

雪が非常に冷たいときは、板と雪との間の摩擦は十分な潤滑をすることができず、したがって滑ることは難しくなる。とても冷たい雪の上でそりを引くときの大変さを、砂の上でそりを引くことにたとえる北極探検家がいる。

スキーの板、とくに速く動くスキーの板が雪上を滑らかに移動できる別の理由は、雪と板との間に閉じ込められた空気がスキーを持ち上げ、その間の摩擦を減らすからである。このときのスキー板は、ホバークラフトにちょっと似ている。

ビリヤードの手球はどこを突くべきか?

次の結果を得るために、キューで手球のどこを突けばよいか。そして、それはどうしてか。

① 球はただちに滑らず転がる。
② 球は、静止している的玉に当たったあとも前進する（フォローショット【押し球ともいう】）。
③ 球は的玉に当たったあと、戻ってくる（ドローショット【引き球ともいう】）。
④ 手球は的玉に当たったあと、わずかに動いて止まる。

①〜④の結果を得るためには、手球を通る中央鉛直面において、それぞれ次の位置を突く必要がある。

①と④　7R／5の高さ（Rは手球の半径であり、中心より2R／5上の高さ）。
② それ以外の中心よりも上ならどこでもよい。
③ 中心よりも下ならどこでもよい。

この答えは、キューが手球をスピンさせる方法に関係している。手球が高さ7R／5の位置を突かれると、手球にはちょうどよい順回転（トップスピン）がかかり、まずは台の上を滑らず前へ転がる。その後、手球が的球に当たると、手球の前進運動のエネルギーが的球に移される。このとき手球は、擦れによる摩擦が回転エネルギーを抜き取るまでその場でわずかの間だけ回転する（摩擦が前向きなので、手球は回転を止める前にその方向へ短い距離だけ動くことができる）。

手球が中心よりも上のどこか【ただし前述の位置以外】を突かれた場合、そのスピンは手球が前に転がるためには適切な方向となるが、回転速度が大きすぎるか小さすぎるので手球は最初滑る。滑りが摩擦を生みだし、それがスピンと前進運動を同調させると、すぐに手球はスムースに前へ転がることになる。

たとえば、7*R*／5よりも高いところを突いたとしよう。そのスピンはその前進速度に対して大きすぎるので、手球の最下点は後ろ向きに滑り、前向きの摩擦が生じる（図33）。摩擦は、手球がスムースに転がることができるようになるまで、スピンを減らし前進速度を増やす。もし手球がそのときまでに的球に当たると、前進運動のエネルギーを的球に移し、手球はその場で短い間スピンするが、手球に作用する強い摩擦によって手球は的球を追いかける。

手球が中心よりも下のどこかを突かれた場合、その逆回転（バックスピン）はスムースな転がりに対して逆方向となり、摩擦は大きく後ろ向きになる。摩擦はすぐにスピンを逆転させ、また手球の前進運動を減速させ、その結果、手球はスムースに転がるようになる。もし手球がそうなる前に的球に当たると、手球の前進運動は的球に移されて、手球は同じ場所で短い間スピンし、その後、それに作用する強い摩擦によって手元に転がり戻ることになる。

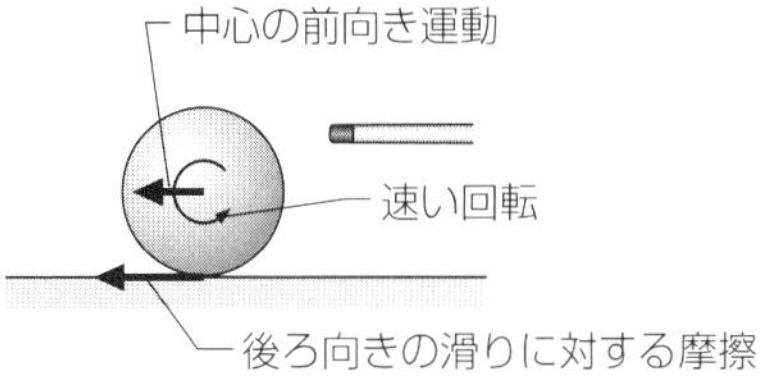

図 33　高い位置を突くと前向きの摩擦力が生じる。

音を聴いただけで太鼓の形がわかるか？

この表題（Can you hear the shape of a drum ?）とアイデアは、一九六六年に数学者マーク・カックによって出版された。彼の質問は次のように言い換えることができる――ある平らな太鼓の皮に対して、その皮が出す振動数から太鼓の形を言い当てることができるだろうか。すなわち、これらの振動数を数多く聴いてから、そのうちのどんな振動数からも、太鼓の皮が写真にどのように映るか、つまり、皮のどの部分が振動して、どの部分がしていないかを言い当てることができるだろうか。

一つの支点の間に張られた弦があるとして、一定の振動数が一定の弦振動模様に対応するという意味で、弦の形を「聴く」ことはできる。たとえば、弦が最低の振動数で振動するとき、その弦はある決まった模様を描く。すなわち、弦の両端は固定されていて（弦が定位置に縛られている）、弦が最も振れるのは弦の中央部分で、その間の部分は中間の振幅となる（図34ａ）。その次に高い振動数で振動するとき、弦は次に単純な模様を描く（図34ｂ）、などとなる。このような振動数は弦の「調和振動数」といわれ、それに対応する弦の形は「共鳴モード」とよばれる。ひとたび、これらの振動数のいくつかを聴けば、どの一つの振動数からも、対応するモードを言い当てることができる。さらに、たまたま弦の密度と張力がすでにわかっている場合は、最低の振動数から弦の長さも言い当てることができる。

　平らな太鼓の皮にも同じように、共鳴モードと調和振動数がある。だが、皮は二次元なのでモードは複雑である。円形の皮は簡単だが、他の形の皮について振動モード（振動する部分としない部分）を皮の形と関連させることは、難しいがやりがいのあることだ。これは、ほとんどの単純な形の皮については可能である。しかし、もっと複雑な形の皮になると必ずしも形を解き明かすことができない。というのも、かなり異なる形でありながら同じ調和振動数群をもちうる太鼓が少なくとも二つはあるからだ。それでも、このような難しい状況下でさえ、皮の「面積」は割り出すことができる。したがって、皮の形をいつも「聴く」ことはできなくても、皮の面積を「聴く」ことはできるのである。

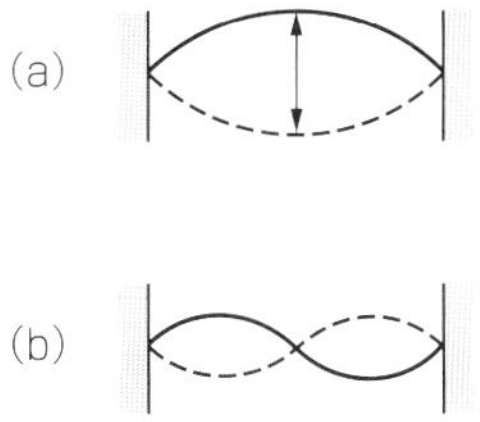

図 34　振動弦の形　(a) 弦の最も単純な模様と、(b) その次に単純な模様を示す。

バイオリンの音はどうやって出るのか？

バイオリンの弦を弓で弾くと、どのようにして音が出るのか。弦の中点【真ん中の点】で弓を弾くと、ほとんど音が聴こえないのはなぜか（仮に音が出たとしても、とても不快なものと感じるだろう）。なぜ弓に松やにを付けるのか。

一定の長さ、張力、質量をもった弦は、「倍音」とよばれるひと組の振動数をもった音をつくりだすことができる。たとえば、基本振動数とよばれる最も低い振動数が五〇〇ヘルツだとしよう。このとき、第二高調波あるいは第一倍音とよばれる次に高い振動数は、二×五〇〇＝一〇〇〇ヘルツとなる。同じようにして残りの振動数も、五〇〇ヘルツに他の整数（三、四、五、…）を乗じることで見つけることができる。弦にあてる弓の位置と、弦を押さえる指の位置（実際に振動する弦の長さを決める）を決めれば、弦によってどの組の振動数をもった音がつくられるかが決まる。多くのバイオリニストにとって驚くべきことに、弦は「分数調波」とよばれる、基本振動数よりも低い、おそらく半分ほどの振動数の音をつくりだすことができる。バイオリニストがどんなふうに弾けば、そんな分数調波を出すことができるのか。

ギターの弦をつま弾くと、弦はいくつかの共鳴モードが励起されて振動し、波はそれぞれの弦に沿ってお互い逆方向にすり抜けながら移動し、強め合って干渉模様をつくる。それぞれの干渉模様に対して、弦には強く振動する領域があって、そこでは空気中の圧力が変動する。そして、それらの変動が音波として弦から放出されるのである。

弓で弾かれた弦が音を出す機構はまったく異なる。というのは、一度つま弾いただけでは弦の上に波はつくられないからだ。その代わり、弦を横切ってたとえば弓を上向きに運んだ場合には、弓が弦を「掴んでは放す」（キャッチ・アンド・リリース）動作、あるいは知られているように「くっついては滑る」（スティック・アンド・スリップ）動作を繰り返すことになる。弦ははじめ弓に引っかかって上向きに持ち上げられるが、ついには弓から滑り抜ける。弦が放される（リリース）このとき、放された地点から弦上で反対向きに二つの三角波が出る。一つは弦の近い端（バイオリン奏者に最も近い端）に向かい、もう一つは弦の遠い端に向かう。それぞれの波は弦の端で反射し（そして反射によって反転し）、反対の端まで弦に沿って進行する。その間ずっと、弓は弦を横切ってなお上向きに動いているが、弦の上を滑っている。三角波が弓の位置まで戻ってきた時点で、弦は弓に引っかかり、持ち上げられて、また放される。それから、三角波が出るのである。

バイオリニストは直感と耳を発達させて、弓を弾く動作と三角波の進行とを同期させなければならない。もちろん、三角波は見ることはできない。もし三角波がうまくできると、それらの振動が気圧変動を生み出し、その変動が音波としてバイオリンから放出される。この振動はバイオリンの木製構造と空洞をも共鳴させることができ、これらふた組みの振動は、さまざまな振動数の付加的な音波を生み出し、聴く音の豊かさと音色を加えることにつながる。

弓は馬の毛でできており、表面は頑丈な薄片状で、内部はより柔らかい材質からできている。弓を繰り返し使っていると、弦を擦る側にだんだん溝ができてきて、柔らかい内部がむき出しになる。松やにを弓の毛に塗ると、松やにの粒子が柔らかい材質へ、いくぶん埋め込まれる。粒子が露出した部分は、弓を弾くときに弦が引っかかる場所となるのだ。弓を弾くたびに粒子が徐々に取り除かれることを考えると、弓と弦が「くっついては滑る」動作をうまくこなすためには、より多くの松やにを弓の毛に塗りつけなければならない。

弦の中点で弓を引くと音が出ない、あるいはたとえ出たとしても不快な音になる理由について、公表された説明に私は納得できない。しかしながら、その理由は、弓を中点で弾いたとき放された二つの三角波が対称になることにあると私は信じている。たいてい、二つの逆行する波は異なる距離を進んで弦の端に到達するが、弦の中点で弓を弾くと二つの波は等距離を進み、端から戻ってきて同時に弓に当たる。こうして、中点では弦のたわみが通常よりも大きくなり、これが弓の「くっついては滑る」動作をダメにする。その結果、弦は音を出さないか、感じの悪い音だけを出すことになるのではないか。

分数調波を奏でるために、バイオリニストはバイオリンの駒の上に弦を強く押しつけたり、腸線弦（合成繊維弦ではない）を弾くときに弦をひねることさえしたりする。この動作でなぜ基本振動数よりも低い振動数が生み出されるかは完全にはわかっていないが、こうすることで、弦をただ横にずれさせるだけでなく、ねじれ運動も生み出す「ねじれ波」が生じているようである。このような波は、先に述べた通常の三角波よりも遅く弦を伝わるので、この遅い伝播速度がより低い周波数の弦の振動、ひいてはより低い振動数の音をもたらすのであろう。

第8章　生き物で

なぜゾウは長い鼻を使って水中で呼吸できるのか？

浅瀬に潜るとき、泳ぎ手は、水面の上まで管が伸びるシュノーケルを使って呼吸をする。なぜシュノーケルの長さは約二〇センチメートルまでと限られているのだろうか。言い換えれば、それより長いシュノーケルには、空気を吸い込んだり吐き出したりことが難しくなるほかに、深刻な危険となるのは何か。ゾウは鼻をシュノーケル代わりに使うことができる。通常約二メートルという深さの潜水にもかかわらず、ゾウはどうやって生き延びているのだろうか。

ダイバーにかかる水圧は水深とともに増えるので、血圧も増えることになる。ダイバーが息を止めて泳いでいるときは、肺の中の圧力もまた増える。血圧と肺の中の気圧が釣り合っていれば、酸素は血液に絶え間なく運ばれ、二酸化炭素は血液から取り除かれる。しかし、ダイバーが管を通して呼吸を始めた場合、肺の中の気圧は大気圧まで下がることになる。ダイバーが水面からそれほど深く潜らなければ、肺の中の気圧低下もわずかで済むが、かなり深く潜った場合には、血圧と肺の中の気圧のずれが致命的となり、「肺圧搾」とよばれる状態に陥る。そのとき、肺の表面にある小さな血管が破裂し、血液が肺の中に染み出てしまう。

成熟したゾウは、一見したところ、水中に沈んで泳ぐたびに肺圧搾に陥るだろう。というのも、ゾウの肺は水面下約二メートルのところにあるので、血圧と肺の中の気圧の差が大きいからである。しかしながら、ゾウの肺は特別な構造で保護されている。哺乳類には「プルーラ」とよばれる、肺を取り囲む胸膜がある。他の哺乳動物と異なり、ゾウのプルーラは結合組織で満たされていて、肺の壁にある小さな血管を保持して護っている。だから潜っていても血管が破裂しないのである。

トラやゾウがとても低い音で吼えるのはなぜか？

トラの咆哮音の一部は、人間が聴くことのできる周波数の範囲よりも下の可聴外（「インフラサウンド」）領域にある。トラにとって、そんな低周波の音を出すことに何かうまみがあるのか。

ゾウには約一〇〇〇ヘルツの振動数の音がいちばんよく聴こえるのだが、お互いに呼び合うとき、とくに遠くにいる場合、ゾウはインフラサウンド領域に入る一四〜三五ヘルツの音に多くのエネルギーをつぎ込んで出す。もしあなたが吼えるゾウの近くにいたとしたら、音を聴くよりも波を感じるかもしれない。

高エネルギーで低周波の咆哮は、高周波の咆哮に勝る利点があるのか。サバンナに棲むゾウは、連れ合いを探し求めたり、競合するゾウとの距離を保とうとして警告を発したりするために、夜は昼間のほぼ二倍の大きさで吼える。夜にこんな咆哮をすることに何か利点はあるのか。

トラの生息地である森で、音が伝わる距離はその波長に依存する。長い波長の音は短い波長の音よりも、木々、茂み、葉や草によって吸収されにくく散乱されにくい。したがって、トラが連れ合いのためや他のトラへの警告として吼えるために、高周波の咆哮よりも低周波（長波長）の咆哮のほうが信号をより遠くまで送ることができる(そのうえ、それは断然おっかない)。森林やジャングルにいる他の動物もまた、低周波通信に頼っている。たとえば森林に棲む世界最大の鳥、ヒクイドリは、人が聴くことのできる最低周波数である二〇〜三〇ヘルツのとどろきわたる重低音で鳴く。また、スマトラサイ（別名、口笛吹き）の咆哮音も一部がインフラサウンド領域にある。

サバンナでは、夜間に大気がしばしば反転し、暖かい空気が冷たい空気の上に乗る。反転の間、低周波の声は暖かい空気の下側に効果的に閉じ込められる。したがって、声が上空に発散して失われることなく、声のほとんどが閉じ込められたままサバンナ上を、反転しない昼間（たぶんたったの二キロメートル）に比べてずっと遠くまで伝わる（たぶん一〇キロメートルまで）。高周波の音は暖かい空気の下側に閉じ込められにくく、また空気に吸収されてしまうので、ゾウの高周波の咆哮はそんなに遠くまでは伝わらないのだ。

ゾウの咆哮が最も広く届く最善の時間帯は日没後一〜二時間で、そのとき風は弱く、大気が反転するのに十分な時間が経過している。夜もっと遅くなると、風が強くなる可能性がある。そのとき咆哮は風下にはよく伝わるかもしれないが、それ以外の方向にはあまり伝わらず、咆哮が聴こえる総面積は減少する。

ガラガラヘビは死んでからでも噛みつく、というのは本当か？

猛毒のガラガラヘビは人間に危険をもたらす。住宅地で見つかったヘビは、たいてい殺される。しかしガラガラヘビが死んだといっても、危険がすぐになくなるわけではない。実際、多くの人が、取り除こうとして死んだヘビに手を伸ばすという誤りを犯してきた。死んでから三〇分ぐらいなら、ヘビはまだ人に飛びかかることができ、伸びてくる手に毒牙を突き刺し、毒を注入するのだ。どのようにして、死んだガラガラヘビは伸びてくる手に飛びかかれるのか。

ガラガラヘビの目と鼻孔の間にある穴は、熱放射のセンサーの役目をする。たとえば、ネズミがガラガラヘビの頭に近づくと、ネズミからの熱放射を感知してこれらのセンサーが始動し、ヘビは反射行動を起こして、マウスに飛びかかり毒牙を突き立てて毒液を注入する。このセンサーは可視光を必要としないので、ガラガラヘビは月明かりのない夜でもこうしてネズミを感知して殺すことができる。

たとえヘビが死んでしばらく時間が経っても、伸びてくる人間の手からの熱放射は、同じ反射行動を誘発することができる。それは、ヘビの神経系は機能しつづけているからだ。殺されて間もないヘビを取り除かなければならないとしたら、ヘビの専門家のアドバイスに従って、手でなく長い棒を用いたほうがよい。

鳥の群れはなぜV字形になって飛ぶのか?

鳥が群れをなして長距離飛行するとき、なぜ多くの群れはV字形になって飛ぶのか。

鳥が滑空しないで翼を羽ばたかせて飛ぶとき、下向きの翼のひと振りで、鳥の後ろの空中に縦渦(旋回流)が発生する。渦は、鳥の脇(内側)で下向きに、下側で外向きに、外側で上向きに、そして上側で内向きになり、ぐるぐる回る【図35】。後ろの鳥が渦の上昇流部分にいれば、無条件に揚力を受ける。滞空するために鳥はそれでも羽ばたかなければならないが、さほど強く羽ばたく必要はなく、費やすエネルギーも大した量ではない。この省エネは長い旅をする場合に重要となりえる。

後ろの鳥が上昇流の中にいるためには、前の鳥のどちらか片側にそれる必要があり、V字形は鳥を適切に配置する最良の形となる。また、V字形だと、鳥はお互いを視認することができる。しかしながら、鳥がエネルギーを節約する最良の位置をぴったりとることはめったになく、V字形をとっている鳥の間隔はしばしば同じにはならない。これは、編隊を組んで飛行することが実際はかなり難しいことを物語っている。

先頭にいる鳥は、左右にいる鳥から上昇流をいくらか受けるにもかかわらず、たいていの場合、最も疲れる位置にいる。そこで、群れをなす鳥の多くは、代わる代わる先頭となる。鳥は、V字の代わりに、それを開いた形、あるいは直線状になって飛ぶこともでき、それなら先頭はそれほど疲れる位置とはならない。【隣の鳥が上昇流からずれた位置にいると、先頭の鳥が滞空するために翼を下に押す力は減少する。】

エネルギーの節約は、魚が群れをなして泳ぐ理由の一つであろう。先頭の魚が渦を形成することによって、群れの中にいる後方の魚が要するエネルギーを減らすことに役立ちうるのだ。

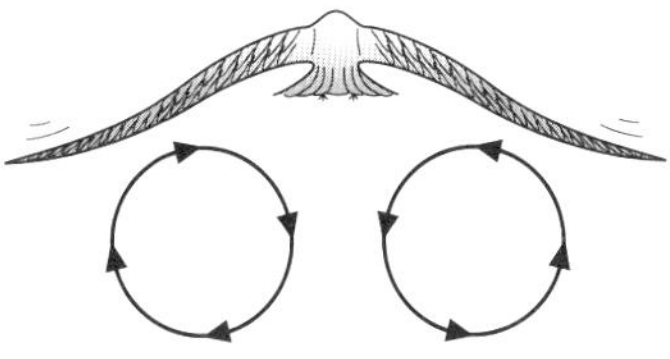

図 35　羽ばたく鳥の後方にできる縦渦

なぜカモや航空母艦の航跡はV字形を描くのか？

カモや航空母艦のような物体が水上を渡ると、その後ろにV字形の航跡ができるのはなぜか（図36）。V字形の形、すなわちその角度は水上を進む物体の速さによって変わるか。

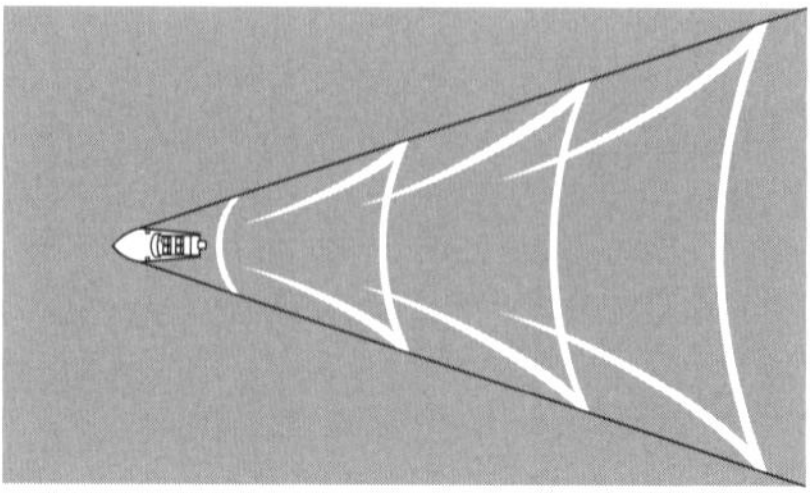

図 36　上空から見たとき、水上を進む物体の後ろにできる航跡の様子

水上を渡る物体が残す航跡は、（振動が表面張力によって支配される）表面張力波でなく、（振動が重力によって支配される）重力波が運動によってつくられるかぎり、いかなる物体に対しても、どんな

実用的な速さでも近似的に同じである【V字形の角度は同じである】。したがって、カモも航空母艦も約三九度という同じ角度の航跡を残す。ただし、航跡の中の波の構造は物体ごとに詳細が異なり、レーダーによって上から観察したときとくに顕著なちがいが現われる(これは軍事偵察において興味あるテーマである)。

波の模様はおもに、動くボートなどが水を乱すことによって水面上に送られる「位相波」によって形づくられる。位相波は正弦波の形をしているが、水面を振動させることによって移動する。しかし、水上でこの位相波を実際に見ることはできない。というのは、ボートがつくり出す位相波はとても多く、お互いに重なり合って(あるいは干渉して)しまうからである。見ることができるのは「群波」であり、それは重なり合いの結果である。群波は水上を移動するように見えるが、実際は、群波よりも二倍速く動く位相波の干渉によって、それらは絶え間なく、つくり直されている。

水の波は、波長が長い波は短い波よりも速く伝わるという事実によって、いっそう複雑になる。波長が長い位相波は、短い位相波を追い越す傾向にあるのだ。

ボートが前に進みながら、ある地点で水を乱すとき、位相波はその干渉によってつくられる群波の二倍の速さで、その地点から外向きに移動する。波は、幅広い範囲の値をとる波長をもっているので、位相波と群波は幅広い範囲の速さをもつ。したがって、その地点とボートの経路上の他のすべての地点から送り出された波の模様は、たいへんなごちゃ混ぜ状態である。しかしながら、ボートを頂点とする頂角三九度のV字形航跡の境界に沿って、波は際立つ群波をつくる。したがって、これが注意を引く航跡の形なのである。

航跡の写真を綿密に調べると、V字形の内部に多くの曲線があり、そのため航跡は鳥の羽と類似した構造となる。これら内部の線は、ボートの経路上に位置する多くの地点から出てきた群波の干渉によるものである。

日光の下でボートとその航跡の近くにいると、航跡はその外側の水よりも静かであることに気づくかもしれない。ボートによる乱れがつくる波は多くあるにもかかわらず、その一つの結果として、航跡の外側よりも航跡の内側のほうが短波長の群波がたいてい少ない。この状態のため、航跡の外側よりも内側のほうが、日光を鏡のように反射させ、そのために明るくなることがときおり起きる。

75

鳥にも蜃気楼が見えるだろうか?

暖かな日、遠くの地面に水たまりがあるのを見つけてその場に行ってみるものの、そこに着くと地面は乾いている。水たまりは本物のようで、色は青く、小さくさざ波だっている。この典型的な「オアシスの蜃気楼」は、目に見えるだけでなく写真にも撮られている。

遠くの車がヘッドライトをつけて近づいてくるとき、しばしば夜でも蜃気楼が見えることがある。ヘッドライトの真下の路上に、一条の光が見えることもある。その光がぼんやりしているときは、道路によってヘッドライトが弱く反射している。しかし光が明るいときは、たぶんヘッドライドの蜃気楼が見えているのだ。この種の蜃気楼はどうやってできるのか。道路の上を飛ぶ鳥は、この車道の蜃気楼を見ることができるのだろうか。言い換えれば、鳥はだまされて、下にある道路を水流と思うことがありえるだろうか。

遠くの地面に横たわる水の蜃気楼の実体は、その方向の水平線のちょうど上にある空の一部の像である。地面(他のどんな表面も)は太陽光を吸収し、そこに接している空気を暖める。もし高度が上がるにつれて空気の温度が著しく下がっていれば、オアシスの蜃気楼が出現する可能性がある。光が低い空から地面に向かってやってくるとき、上がりつづける温度の空気中を通過しながら光は上方に屈折しつづけ(曲がりつづけ）、ついには地面と浅い角度をなして上向きに向かう（図37）。

こうしてやってくる光を見たとしよう。あなたの脳は、その光をまっすぐ後ろに伸ばして地面と接した明るい地点がその光源であると勝手に解釈する。その明るい地点はもちろん錯覚であるが、本当のように見える。そのうえ、もし本当の光源が青い空であれば、明るい地点はあたかも水のように青く見えるだろう。空気が乱れていると光の屈折は著しく変化し、まるでさざ波が水上でちらつくようにその地点はゆらめくのだ。

オアシスの蜃気楼は、冷たい環境で出現しうる。熱い空気は必要なく、ただ高度につれて空気の温度が下がればよいからだ。蜃気楼は車道でよく見られる。というのも、ほとんどの舗装道路が太陽光を吸収して、接する空気をすぐに暖めるからだ。地面付近からその場所を見たり、遠くの地面から望遠鏡で覗いたりしてみると、蜃気楼はたいていはっきりと見える。

光が地面付近の空気を通過して屈折するなら、遠くの物体も蜃気楼の像をつくることができる。この種の蜃気楼は、オアシスの蜃気楼と同様、像が光源よりも下に現れるので「下位蜃気楼」とよばれる。

夜の蜃気楼は、車道に横たわる熱せられた空気の層によるものである。舗装道路は、日中に太陽に熱せられて夜でもなお暖まっている可能性があるが、通過する乗用車やトラックのタイヤによっても暖められる。

光の進路が曲がるといっても量はわずかなものなので、飛ぶ鳥は下を通る道路上にできた水の蜃気楼を見ることはできない。鳥は、人と同じようにはるかかなたの蜃気楼なら見ることができるかもしれないが、鳥が移動するにつれて蜃気楼も動きつづける。これは、あなたがドライブするにつれて水の蜃気楼【逃げ水という】が道路を動く様子と似ている。

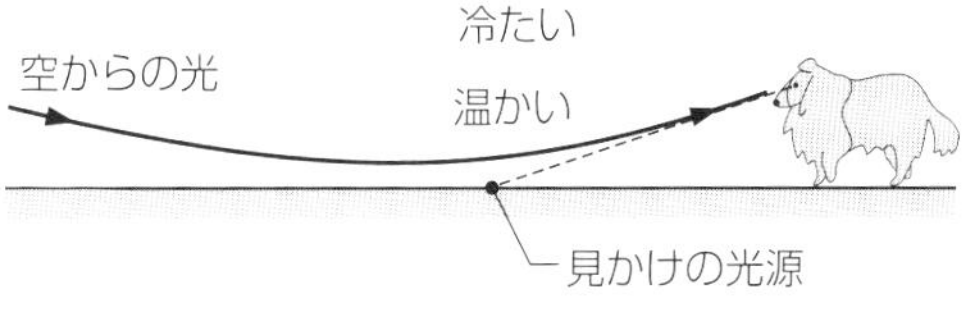

図 37　低空からやってくる光が空気の温度変化によって経路を曲げられる。観測者はそれを地面からきた光と感知する。

クモは巣にかかったハエの位置をどのようにして知るのか?

円形のクモの巣の中心にいるクモは、巣にからまって動けなくなったハエの居場所をどのようにして知るのだろうか。クモの巣は、ハエが飛び込んできたとき、ただ破れてしまうことにならないのはなぜだろうか。クモの巣に衝突したハエは、なぜあっさり飛び去らないのだろうか。

ハエは、クモの巣をたたくので、クモの糸に沿って伝わる波を送ることになる。その糸にはクモが乗っている放射状の糸も何本か含まれている。放射状の糸を伝わる波は、糸の振動方向によって三つの型に分けることができる。はじめの二つは振動が糸に対して垂直なものであり、クモの巣の面上を振動するものとその面に垂直な方向に振動するものである。三つめは振動が糸に対して平行なものである。クモの注意を喚起するのはこの三つめの波である。クモが隣り合う二、三本の糸上のその振動を感知すると、ハエがいるほうに張られた糸が最も強い振動を運ぶので、クモは即座にハエのいる方向を決めることができる。たとえ、わなに掛かった獲物のもがく時間が短くて感知されなくても、クモは脚で放射状の糸を弾くことにより獲物の位置を知ることができる。獲物によって重みをかけられた糸はどれも自由な糸とは異なる振動をし、これがクモに、獲物の方向とおそらく獲物までの距離についてさえも手がかりを与える（人間もまた、ピンと張ったひもに結ばれた物体までの距離を、物体を見なくても、単にひもを振動させるだけで決めることができた、とする実験的証拠もある）。

糸の張力を加減するという意味で、巣を調整するクモもいる。とても腹が減っているときは、小さな獲物のバタつきでも感知できる波が巣を伝わるように張力を増す。一方、そんなに腹が減っていないときは、大きな獲物だけのバタつきが感知できる波が伝わるように張力を減らすというのだ。

クモの巣は、クモと同じくらいかそれよりも小さなサイズの飛行する獲物を、その運動エネルギーと運動量を吸収することによって捕らえる、フィルターとして機能する。もし獲物がクモよりも大きければ、巣は機能しない（破れて獲物を逃がす）ように設計されている。というのも、そんな大きな獲物はクモを傷つける可能性があるからだ。

獲物が巣にぶつかるとき、糸は伸びるが粘性流体のように振る舞い、その中で衝突のエネルギーのほとんどを内部に保持する。その結果、獲物は巣からたやすく跳ね返ることができない。加えて、微細なビーズのように見える粘着性の滴が、一部の糸（捕獲糸）に沿ってつけられている（ビーズは十分に離れて配置されているので、クモは自分自身が糸にからまないような道を選んで糸を渡っていくことができる）。獲物はもがくけれど、糸があまりに簡単に伸びるので、滴から逃れるために押せる手がかりを獲物は何も見つけられない。

77

ミツバチはスズメバチをどのようにして殺すのか？

巨大なスズメバチである「オオスズメバチ」はミツバチを捕食する。しかし、一匹のスズメバチがミツバチの巣に侵入しようとしたとき、何百匹ものミツバチがスズメバチを取り囲んで小さなボールをつくり、スズメバチの侵入を阻止する（スズメバチを「ボール」する、ball the hornet という）。ミツバチはスズメバチを、刺したり、噛んだり、押しつぶしたり、窒息させたりするわけではないが、二〇分ほどで死に至らしめる。では、なぜスズメバチは死ぬのだろうか。

何百匹ものミツバチが、巣に侵入しようとしている巨大なスズメバチを取り囲んで小さなボールを形成したあと、ミツバチは体温を通常の三五℃から四七〜四八℃に上げる。もしミツバチが数匹程度なら、スズメバチへのエネルギー伝達はたいしたことでない。というのは、ミツバチが体温を上げて増加した熱エネルギーの多くは、外に放散して失われるからである。しかし、スズメバチが数百匹のミツバチボールに捕らえられ逃げ場を失った状態では、ボールそのものの温度が上昇し、かなりの熱エネルギーがスズメバチに伝達されるのだ。高い温度は、スズメバチにとっては致命的だが、ミツバチにとってはそうでもないのだ。

電気ウナギはどうやって発電しているのか？

北大西洋に棲むヤマトシビレエイ属の巨大エイ（*Torpedo nobiliana*）や、アマゾンに棲むデンキウナギ属の電気ウナギ（*Electrophorus*）などの魚は、獲物を殺したり気絶させたり、ときには人を気絶させたりするのに十分な電流を発生させる（たとえば、巨大エイは約六〇ボルトで五〇アンペアのパルスを放電する）。ずっと昔、電気魚は医療のために使用されることがあって、それはシビレエイを直接、持続性頭痛で痛む箇所に置くというものだった（初期のショック療法の一つ）。昔の漁師は魚が電気を発生させることを知っていて、素手でつかんだり電気を通すもりで突いたりしてはいけない魚をすぐに学んだ。

他にも多くの魚が電場を生み出して、薄暗かったり真っ暗だったりする水の中を泳いだり、自分たちを含めた物体の位置を把握したりしている。実際、これらの魚は電場を変化させて、自分の存在を知らしめている。どのようにして動物は、電流、電位、電場を生成することができるのだろうか。

魚が生成する電気作用の出所は、神経細胞や筋肉細胞と似た「電函」【電気板ともいう】という細胞である。通常、電函の細胞膜は、カリウムイオンは通すがナトリウムイオンは通さない。そのため、カリウムイオンとナトリウムイオンの濃度差が細胞膜を境とした内外で生じる。これらのイオンは電気を帯びているので、この濃度差が膜を境とした内外の電位差を生み出すのである。

魚が放電したいとき、神経インパルス【短時間に加えられる電圧または電流】によって膜が変性し、ナトリウムイオンを通すようになる。すると突然、膜内外の電位差が変わり、帯電粒子が膜を貫いて流れる（すなわち、膜を通る電流が発生する）。電位差の変化と電流量はともに小さい。しかし、魚は直列につながった数千個の電函を持っていて（図38aのように次々と）、電位と電流をすべて合わせ大きくすることができるのだ。

全電流は、魚の一端（頭か尾）から出て、水の中を（したがって、ひょっとしたら獲物や人の中を）通り、そして魚の反対の端から戻ってこようとする。ここで、魚が一つの電函列しか持っていなかったら、魚の体内を流れる全電流は、魚自身を気絶させたり殺したりしてしまうだろう。じつは、そうならないように魚は並列につながった数百個の電函列をもっていて（図38b）、全電流がこれら並列経路へ均等に分配されるようになっている。したがって、どんな経路でも一つだけに流れる電流であれば、魚を傷つけることはない。

塩水に棲む電気魚と、真水に棲む電気魚とは異なっている。それは、塩水が電流に対して水と比べるとずっと小さい抵抗しか示さないからである。そのため、塩水に棲む電気魚は、直列につながった電函の数が少なくても、まわりの水の中を通って獲物を気絶させたり殺したりするのに十分な電流を得ることができる。

弱電魚は、周囲の水に対して電流パルスを送ろうとはしない。その代わり、電函は単に水中を探査するための弱い電場を生成する。彼らは電場の強さに対してきわめて敏感なので、他の物体が電場の中にやってくると、電場を変えるのでそれがわかるのだ。さらに、彼らは電場を特徴的に変化させて、仲間の魚と交信することができる。

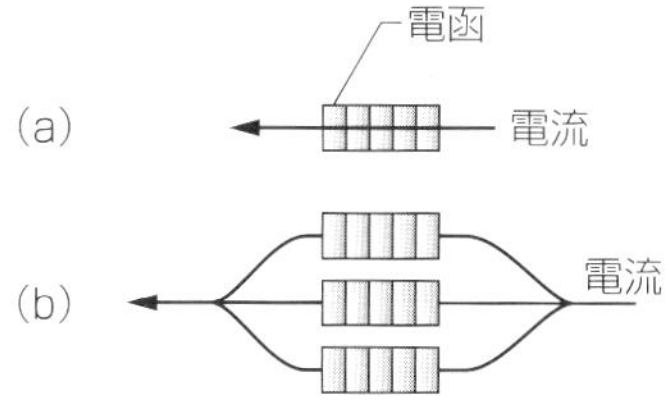

図38 (a) 電気ウナギの体中にある5つの電函列
(b) 3つの電函列を並列につなげたもの

カエデの種子はなぜ遠くまで運ばれるのか?

トネリコやニレ、カエデの種子は、そよ風が親木からさらっていくのに十分長い時間、どうやって空中を漂っているのか。

これらの種子には翼があり、回転することによってその落下を長引かせることができる。たとえば、カエデの一枚羽根の翼果《よくか》は、膨らんだ部分と平たい羽根の部分の間にある重心（質量分布の中心）のまわりを自転する。翼面は四五度も傾くことできる。種子の落下中に翼が回転するにつれ、空気を下向きに動かすので、種子は上向きの力を受ける。この力はまた、種子を脇へ押すことができるので、種子はらせんを描いて地面に落ちる（図39）。

種子といっしょに落ちれば、たぶんこの動作はより簡単に想像できるだろう。その場合、空気はからだを通り越して上昇しながら翼部分の下側を押し上げる。翼に垂直なこの力の成分（または部分）がリフト（揚力）であり、種子を支えることに役立っている。空気を押すことによって、翼はヘリコプターのブレードのように回転し、そしてまた種子を脇に滑らせることができる。回転と滑りが組み合わさることによって、種子はしばしばその重心のまわりに自転しながららせんを描いて落下することができるのだ。

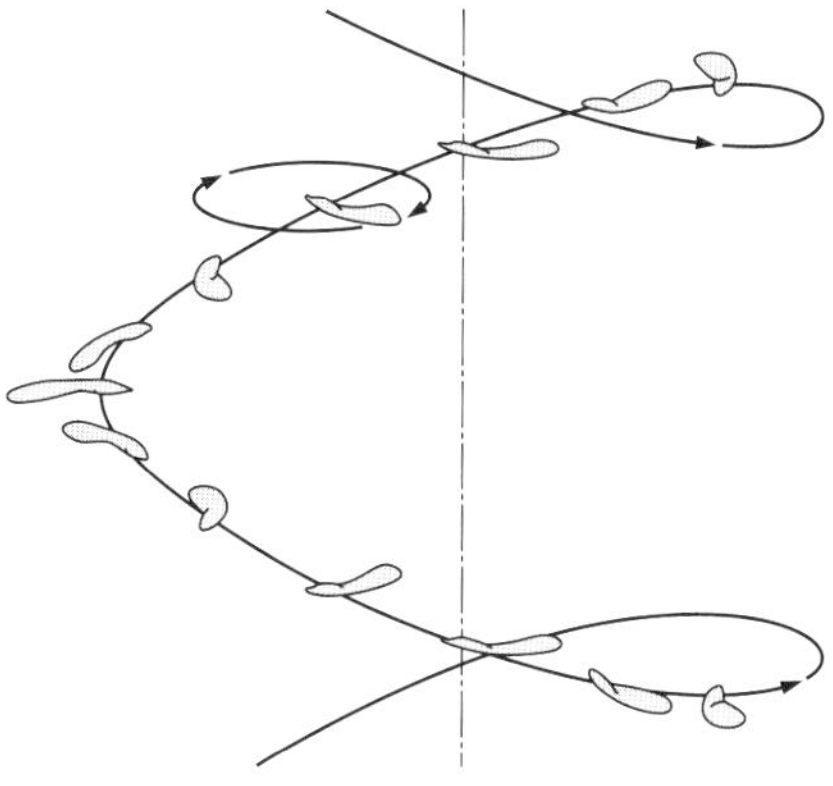

図39　翼のある種子のとりうる経路。らせん経路の回転と逆方向に回転する。

猫を逆さまに落としても無事に着地できるのはなぜか？

猫は、一メートル以上の高さから逆さまに落としても、すばやく姿勢を立て直して、前足を下に着地する。この動作は物理学の確固たる法則を破っているようにみえる。「物体にトルク【力のモーメント】が働かないとき、物体の角運動量は変化しない」という法則だ。それでも猫はそういうものである。猫は回転せずに落下を始めるので角運動量はゼロであり、猫に働くトルクもない。けれども、猫の回転は、その角運動量がゼロのままでないことを意味しているように思える。猫はこの物理法則を破っているのだろうか。

軌道上を飛行する宇宙船内で、宇宙飛行士は何も触らずに、どのようにして左あるいは右に向きを変える（専門用語でヨーという）ことができるのか。宇宙飛行士は、左右に通る水平軸のまわりにどのようにして前回りあるいは後ろ回りする（ピッチという）のだろうか。また、前後に通る水平軸のまわりに回る（ロールという）ことは可能だろうか（またもや、角運動量がゼロでトルクが働かないのに、それでもともかく回転する物体である）【図40aを参照】。

猫がどのようにして反転するかは、ほぼ一世紀にわたって説明が試みられているが、いまだに論争が続いている。ここでは、分解写真によって支持されている説明の一つを紹介するが、猫は物理学を学ばないので、すべての猫が同じテクニックを使うとは限らないことに留意しておこう。

猫を後ろから見るとしよう。猫は前脚を引き寄せ、後脚を押し伸ばしたまま、尻尾を反時計回りに振る。この動作によって、頭とからだの両方は時計回りに回転するが、前脚が引き寄せられているので猫の前半身は後半身より大きく回る（この説明では、猫のからだはねじられることに注意）。猫は尻尾を振りながら、こんどは前脚を押し伸ばし、後脚を引き寄せる。この調整動作によって後半身が前半身よりも速く時計回りに回転するので、からだのねじれは軽減する。最終的に、猫は姿勢を立て直して着地し、前足で床をとらえる（猫に尻尾がない場合は、後脚の一本が尻尾の役割を担う）。落下中ずっと、猫の総角運動量はゼロのままである。

もしあなたが宇宙飛行士なら、ヨーをつくり出す方法がある。右脚を前に、左脚を後ろに伸ばしなさい。そして、右脚を右後方に、左脚を左前方に動かしてから、また両脚をくっつけなさい。上から見ると、両脚は時計回りに動く。このような運動の間、総角運動量がゼロでありつづけるために、あなたのからだは反時計回りに回転しなければならなくなる。

ピッチするためには、両腕を左右に上げて、泳ぐように同じ方向に円を描いて動かしなさい。からだは反対方向に回転し、やはり総角運動量はゼロのままだ。そして、ロールは、ピッチとヨーを組み合わせて実現できるのである（左向きヨー、前向きピッチ、右向きヨーという一連の動きをくり返すと、最終的にどこに行き着くか【図40 bを参照】。前向きピッチ、右向きヨー、後向きピッチという一連の動きではどうか【図40 cを参照】。驚くべきことに、どちらの動きでも「三人の間抜け」【韓国の人気バラエティ番組】の一人に似てしまうが、同じ方向に行き着くのである）。

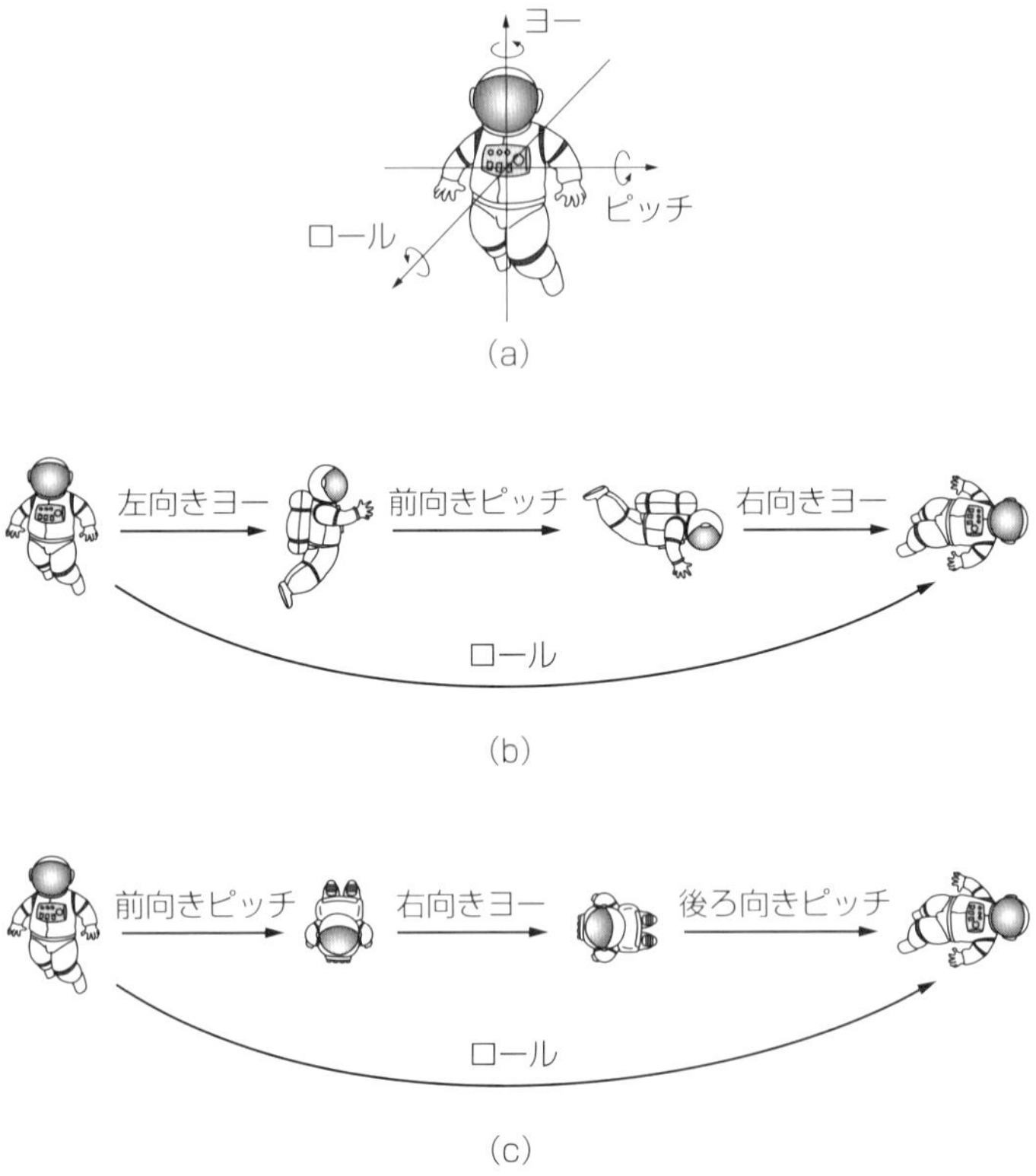

図 40　(a) ヨーとピッチとロール　(b) ヨーとピッチとヨーによるロール
(c) ピッチとヨーとピッチによるロール

第9章　遊びで

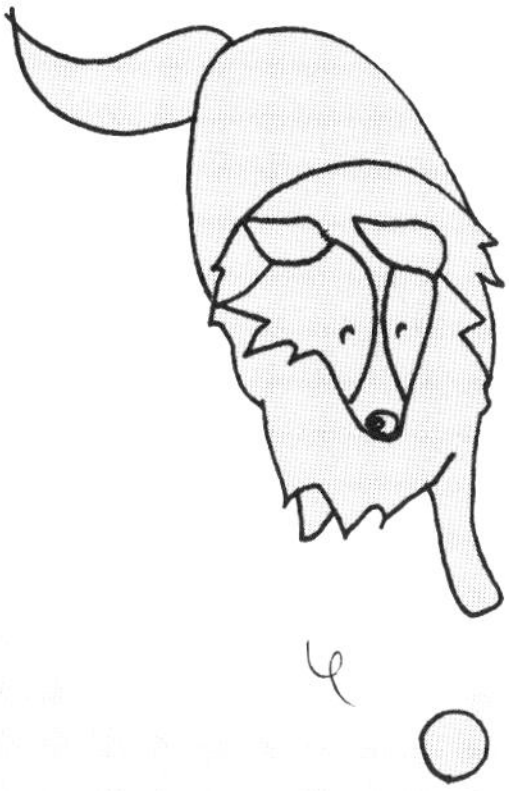

レーザー光は部屋の角に当たるか？

お祭りの見世物小屋をぶらついて、お馴染みの技と運によるゲームコーナーの前を通り過ぎると、新しい娯楽施設「レーザー射的」がある。興味にかられて中に入ると、理想的に反射する鏡で壁を覆われた長方形の部屋の角にいることに気づく（図41a）。あなたのいる角には、強力なレーザー発射装置が床と水平に、そして壁と四五度の角度をなして固定されている。残りの角には、的である粘土製のシェルティがいて、あなたに向かってつくり笑いをしている。

あなたの後ろにいる係員の説明によると、的に当たるかどうか、当たるとすればどれに当たるかを予想してからレーザー光を発射することになっているという。また、部屋は横と縦の長さが七対四になるよう正確につくられているそうだ。そして彼はその場を突然立ち去る。あたかも、あなたのいる角が本当の的であるかのように。

レーザー光は粘土の的に当たるのか、自分自身に当たるのか、それとも光は部屋をぐるぐる反射し、そのたびにわずかずつ壁に吸収されて、ついには消滅してしまうのか。もし部屋の寸法が七対三あるいは八対三だったら、どうだろう。あなたは、まさに起ころうとしている数多くの反射を予測しようとしながら、勇敢にも引き金を引くのだ。

部屋の縦横比がともに整数であるかぎり、レーザー光が自分自身に当たることはなく、粘土の的をかならず射る。どれに当たるかを知るには、部屋のスケッチの光線をたどるか、次の処方を用いることになるだろう。縦横比が約分できるなら（たとえば、八対四は二対一に約分できる）そうしておいて、図41bに示された三つの可能な結果を見ればよい。そこでは、縦横の寸法が奇数なのか偶数なのかが鍵となる。

【ヒント：長方形（部屋）をその上辺と右辺で折り返し、その操作を繰り返す。このようにして仮想的な長方形を並べると、元の長方形の中で反射を繰り返すレーザー光は、その仮想的な長方形の中を直進する光として考えられる。ある長方形の角に光が入るのは、その角を右上の、レーザーのある角を左下の頂点とする正方形がいくつかの長方形によって構成されるときである。その正方形の一辺の長さが、一つの長方形の縦横の長さの何倍になっているかによって、長方形を上辺と右辺で折り返す回数が決まる。その回数が偶数か奇数かによって、光の当たる角が決まる。】

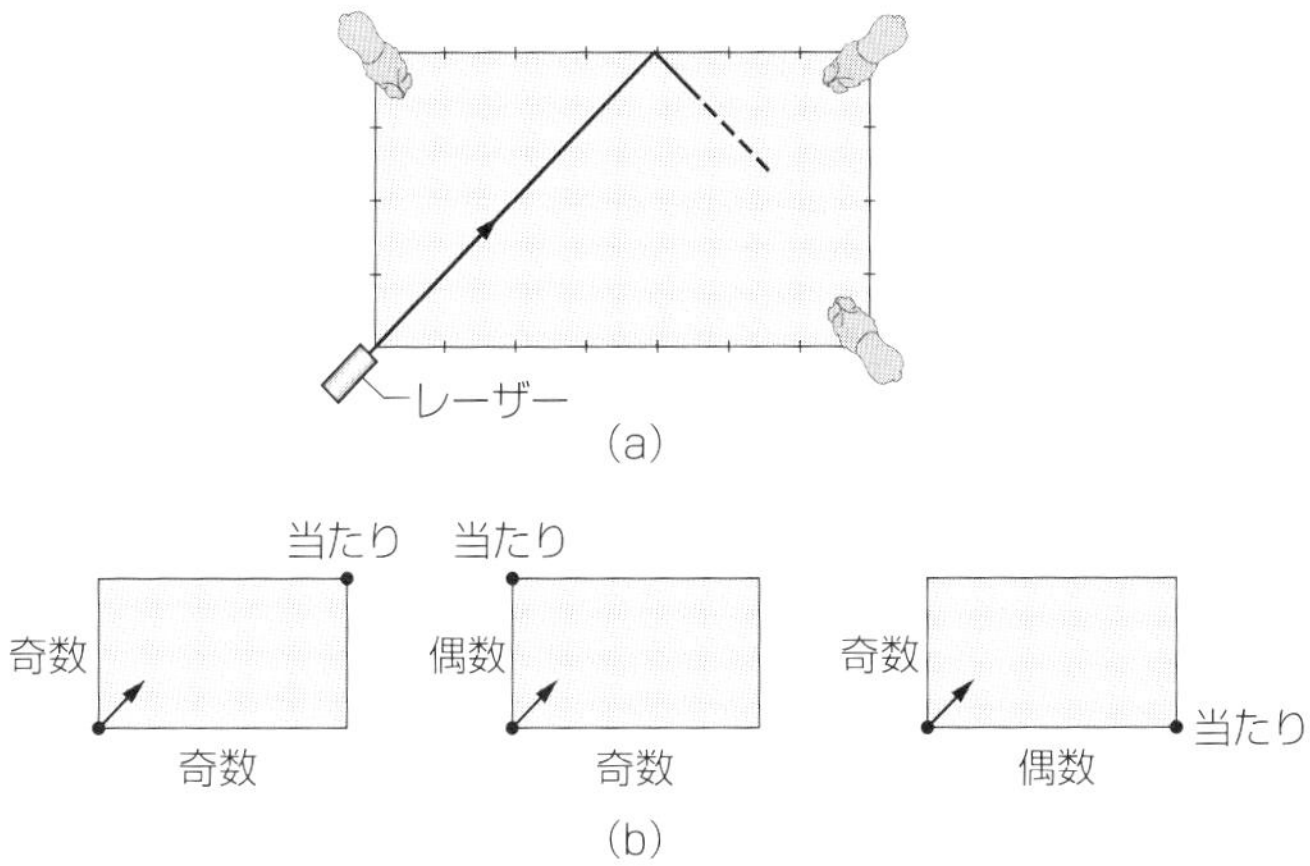

図41 (a) 鏡の壁をもつ部屋を上から見た図 (b) どの角に当たるかの決まり方

ドミノ牌《はい》が倒れていく速さは何によって決まるのか？

直立して規則正しく並べられたドミノの長い列の最初にあるドミノ牌が、二番目のドミノ牌に向かっていったん倒れだすと、この倒れは列に沿って波のように伝わる。波が起きたあと、ある瞬間に動いているドミノ牌はいくつで、波の速さを決めているものは何だろう。明らかに、ドミノ牌はその長さよりも離れて並べられるべきではないが、逆に、並べる最小の間隔というものもあるのだろうか。子供たちの積み木の列は、なぜドミノのように倒れないのだろうか。最初のドミノ牌がとても小さくて、次のドミノ牌が前のドミノ牌よりもある倍率で順に大きくなっているドミノがあったとして、そのドミノ牌に次々と倒れていく連鎖反応は起きるだろうか。

縦に立ったドミノ牌には二つの安定配置、すなわち平衡状態がある。一つは床に対して垂直に立つとき（図42a）であり、もう一つはその中心が支点の直上にあるように傾くとき（図42b）である。どちらの配置でも、ドミノ牌の重心に働くと仮定している重力は、支点を通る直線上を下向きに引っ張る。しかしながら、二番目の配置は不安定平衡状態の一つといわれる。わずかな撹乱によって下向きの重力が支点の左や右に移動し、ドミノ牌がひっくり返るからである。もし図42cのように右へ移動したら、ドミノ牌は倒れるのだ。

　列の最初のドミノ牌を倒したとき、それは不安定平衡状態を通りすぎて回転し、その後、第二のドミノ牌に倒れかかりぶつかる。もし最初のドミノ牌をぎりぎり倒れるくらい軽く押したとすると、衝突におけるエネルギーは、不安定平衡状態位置からの倒れによって生ずることになる。ドミノ牌どうしの間隔があまりにも近い場合には倒れが短すぎるので、二番目のドミノ牌を倒すだけのエネルギーは供給されないのだ。倒れは、間隔がドミノ牌の長さ以下であれば、間隔が大きいほど起こりやすい。この様子は、列のずっと後方のドミノ牌においても同じである（もちろん、最初のドミノ牌を強く押しさえすれば間隔は気にしなくてよいが、それでははらはらしない）。

　どんな瞬間でも、五～六個のドミノ牌が動いている可能性がある。波は、列に沿って伝わるにつれて速さを増し、その速さは、ドミノ牌どうしの間隔、摩擦、そしてお互いがぶつかるとどのくらい跳ね返るかによって決まる、ある値に近づく。間隔が小さくなると、波はより速く伝わり、衝突に伴うガチャガチャ音はより高くなる。

　バンクーバーのローン・ホワイトヘッドはかつて、ドミノ牌の大きさが前のものに比べてすべての辺が一・五倍になっているドミノ列において、どのように連鎖反応が進行するかを記述した。彼が最初のドミノ牌を「綿棒の細長いわずかな部分で軽く突いた」ところ、連鎖反応のエネルギーは最後にある一三番目のドミノ牌が倒れた時点で、最初の一突きの約二〇億倍に増幅されたという。彼の計算によると、たった三二個のドミノ牌からなる適切な一組の列があれば、最終的にエンパイアステートビルディングと同じ高さのドミノ牌を倒すことができるらしい（これはキングコングにもできない！）。【キングコングだって、ビルには登れたが、倒せなかったのだから。】

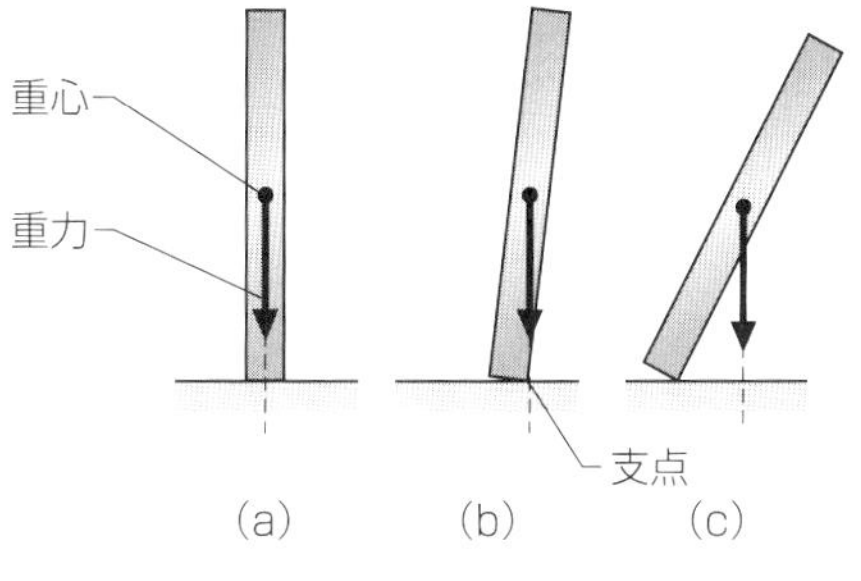

図 42　不安定な平衡位置を通りすぎるドミノ牌

ロープを立てることはできるか？

時計の振り子を逆さにするとどうなるか。もちろん、不安定なのですぐに倒れる。しかし、もしその台を縦にすばやく振動させ、かつ、振り子と台の間にわずかな摩擦があれば、振り子は立ったままでいられる。なぜだろう。この倒立振り子はたいへん安定しており、振り子を横に軽く突いても、振り子はまた直立しなおすのである。

一方、こんどはその台を横にすばやく振動させてみると、あたかも重力の方向が反対になったかのように、振り子は逆さのまま鉛直線を中心として揺れるのである。これと同様の原理を用いて、一輪車に乗ることができる。乗り手は、たとえばからだが前に倒れはじめたとき、車輪を少し前に動かすことによって、瞬間的に安定性が取り戻せる。すると、こんどは乗り手が後ろに倒れはじめるので、そのとき車輪を少し後ろに動かすのだ。

複数の棒を縦につなげて、いちばん下の棒を縦に振動させると、連結させた倒立振り子のように、棒全体を直立させることができるだろうか【図43】。同じように、長い針金を直立させることができるだろうか。そして何より知りたいのは、上端に何の支えもないのに上に向かって伸びていくという有名なインディアンロープのトリックのように、ロープを直立させることができるか、ということである。

縦に振動している間、振動によってつくられる加速度が重力加速度よりも大きくなると、振り子はほぼ直立する。振り子は周期的に速く下に引っ張られて立て直されるので、ある意味、振り子には倒れ込む機会がないといえる。台が十分に速く横に振動している場合も、やはり振り子は倒れることができない。一輪車の乗り手がとる戦略と同様に、振り子がある方向に倒れはじめるとすぐさま、台がその方向に向かって振り子の下に移動していれば、振り子が倒れることを止められるのである。

一列に数本つながった棒は、いちばん下の棒を縦に十分に速く振動させれば直立させることができる。長すぎて（自重のために折れ曲がって）自分自身で立たない針金も、振動させれば立たせることができる。しかし、ロープは柔らかすぎるので直立させることができない。したがって、インディアンロープのトリックは依然として、ただの錯覚である。

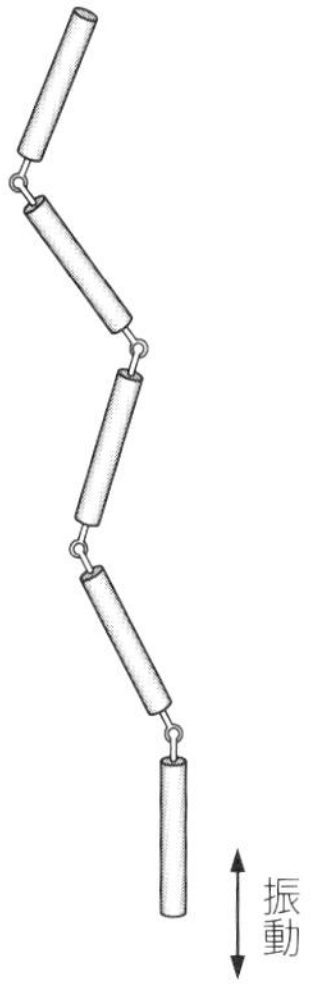

図43　一列に数本つながった棒

濡れた手だと水中のコインが消えるのはなぜか？

水を満たしたびんの中にコインを沈めて、図44のように、天辺の水面を通してコインの像が見えるように視線を合わせてみよう。このとき、手をびんの向こう側に当ててもコインの像は変化しない。しかし、手が濡れていると像は消えてしまう。なぜ濡れていると像が消えるのか。

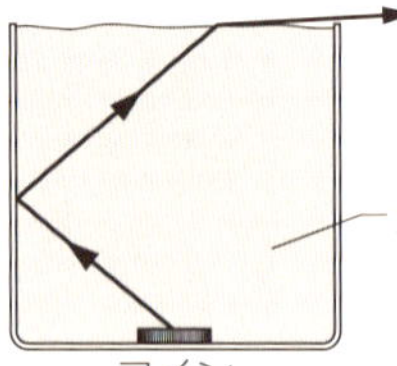

図 44　びんの水面を通してコインが見える。

まずコインの像が見えているのは、びんの向こう側の外部表面で反射したコインからの光がいくらか届くからである。その反射領域に乾いた手を当てても、次の二つの理由から反射はほとんど変化しない。①手とガラスはほとんど接触していない、②ほんのわずかな光しかガラスを通り抜けて皮膚に入らない。しかしながら、もし手が濡れていたら、手に付いた水とガラスの接触面が広がる。さらに、接触した箇所で、光の多くがガラスを通り抜けて手に付いた水に入る。それは、二つの物質（水とガラス）の光学的性質が似ているからだ。したがって、前にびんの向こう側で反射していた光のほとんどがいまは手に付いた水に入って失われ、コインの像は消えてしまうのである。

85 回転しているコインが倒れるとき、出す音の高低が変わるのはなぜか？

コインを指で弾いてテーブル上で回転するようにし、それを観察し、かつ音も聴いてみよう。コインが倒れはじめるにつれ、ガタガタという音の高さは、はじめは落ちて、その後は上がる。単に自転が速くなったのだろうか。いやちがう。コインを上から見ると、その面は、はじめゆれていてよく見えないが、その後はっきりして見分けられるようになる。

ビンを底の端点上にバランスさせ、手でビンの両側を反対方向に引いて回転させてみよう。回るにつれてビンは徐々に鉛直方向へ動き、ガタガタという音は高くなる。ビンを大きく傾けて、かなり水平に近い状態のビンを回すこともできるが、その開始操作はより難しい。なんとか開始できれば、ビンは回転中徐々に水平になっていくが、コインとちがって、ガタガタという音の高さは倒れる間に低くなるだけである。

これらの振る舞いを説明できるか。

コインはその中心軸のまわりに自転するが、その中心軸もまた鉛直軸のまわりに動く「歳差運動」とよばれる運動をする。歳差運動は、コインの中心に働くと考えられるコインの重さによって生じるトルク【力のモーメント】に由来する。摩擦と空気抵抗がコインから徐々にエネルギーを抜き取るにつれ、コインは倒れはじめ、またコインの面が見分けられるように中心軸のまわりの自転は遅くなりはじめる。初めはエネルギーの抜き取りが歳差運動を遅くするが、その後、重心が下がることによって、ポテンシャル【位置】エネルギーが実質的に歳差運動の付加的運動エネルギーに変換されはじめる。聞こえるガタガタという音は、歳差運動によってコインの端がテーブルにたたきつけられるとき、つくりだされている。歳差運動が速くなるにつれ、ガタガタという音は高くなる。

ビンが直立に近い状態で回転すると、ビンもまた歳差運動をする。中心軸が徐々に鉛直になるにつれて重心は下がり、また【位置】エネルギーが歳差運動に注入され音が高くなる。一方、ビンがほぼ水平に近い状態で回っているときは、ビンが倒れるにつれて歳差運動【のエネルギー】は最終的な小さい値までどんどん減少していく。やがてビンは横倒しになり、テーブルの上を転がっていく。

86 ゴム風船は、少し膨らむと楽に膨らませることができるのはなぜか？

球形のゴム風船を膨らませるとき、最初は大変だが、風船の一部が膨らんだ後はずっと簡単になるのはなぜか。細長い風船では、全体が膨らまないで、一部が膨らみはじめる。そして、息を吹き込みつづけると、風船の長さ方向に膨らみが伝わるのはなぜか。

半径の異なる二つのシャボン玉が管でつながれていて、管のバルブが閉じられているとしよう（図45a）。もし、シャボン玉の間を空気が流れるようバルブが開けられたら、シャボン玉はどうなるか。もしシャボン玉をゴム風船に置き換えたとしたら、バルブを開いたとき何が起きるか。

球形のシャボン玉を膨らませるには、もともとあったシャボン玉内部の気圧よりも大きい気圧を与えなければならない。内部の気圧はシャボン玉表面の曲率に依存する。要点を理解するために、表面の断片を考えよう（図45 b）。その断片は、隣り合う部分からその辺方向に引っ張られている。左側と右側で引っ張る力には、シャボン玉の中心方向に向く成分が含まれており、この内向きの成分こそがシャボン玉内部の気圧を決めているのである。シャボン玉が小さくて表面が大きく曲がっていると、内向きの力は大きくなり、内部の気圧もまた大きくなる。そのため、シャボン玉は膨らませにくい。一方、シャボン玉が大きくて表面の曲率が小さいと、内向きの力は小さくなり、内部の気圧も小さくなる。このとき、シャボン玉は簡単に膨らませることができる。

ゴム風船は、シャボン玉とちがって、膨張中にゴム膜を引き伸ばすと内部の気圧が増加する。膨張の初期段階では、ゴムが引き伸ばされることに抵抗して風船内部の気圧が上がるため、さらに風船を膨らませようとすると、人は大きな圧力を加えなければならない。しかし、風船がいったんある大きさに達すると、その後、表面の曲率が減少して内部の気圧が下がるので、

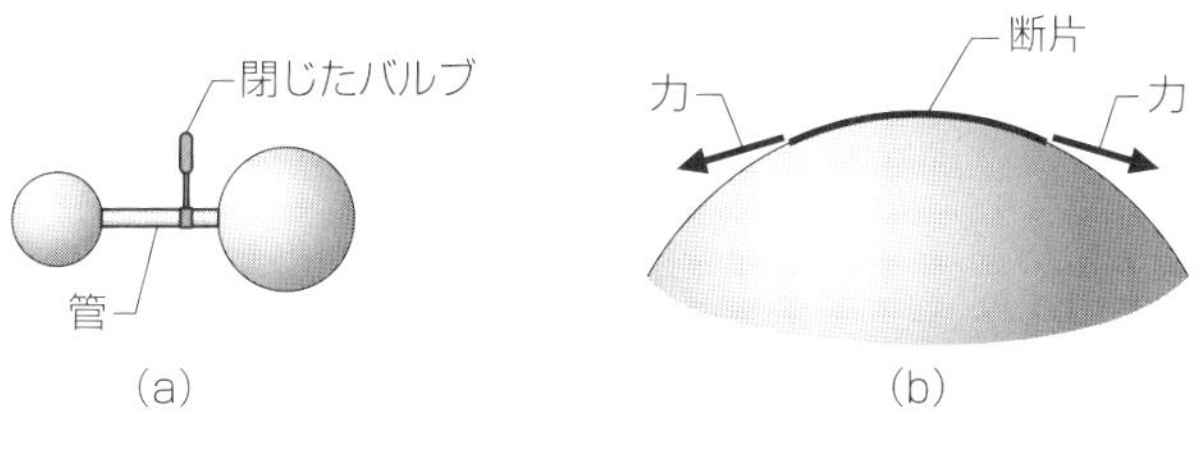

図45 (a) バルブが閉じられた管でつながれた2つのシャボン玉(あるいは風船)
(b) シャボン玉表面にある断片の左右端に働く力

さらに風船を膨らませることはたやすい。風船の大きさが膨らませてもあまり変わらなければ、ゴムが引き伸ばされることに抵抗する力は減って、風船を膨らませることはさらにたやすくなる（風船がもっとずっと大きくなると、抵抗は元どおり全力で働くようになる）。

もう一つの要因もまた重要である。風船を膨らませるとき、あなたの肺から、ある体積の空気、すなわち「ひと吹き分の体積」が送り込まれる。風船が小さいとき、追加の体積は表面積を著しく増加させることになるので、さらに引き伸ばすと、それに対する抵抗がかなり増える。風船が大きくなると、追加の体積は既存の体積に比べて小さく、それほど大きく表面積は増えないし、またゴムの引き伸ばしもそれほど増えない。

奇妙なゴム風船があって、本来は理想的な球形であっても、膨張の度合いがある程度のとき、目に見えて球形にならないことがありうる。膨らませるのがたやすくなった直後、かつゴムがかなり引き伸ばされて膨らませるのがまた大変になる前に、風船の片側に目で見てわかる膨らみができることがある。リーディング大学のセウェル（M. J. Sewell）はこの奇妙さに気づいた。彼曰く、「膨張のすべての段階において、自然はあえて球形を選ばない」。

細長い風船を膨らまそうとすると、初めに風船の最も弱い部分、たいていは開口部に最も近い部分が膨らむ。この膨らみと、まだ膨張していない部分とをつなぐ区域は、風船の長さ方向に形が変わり、凹んでいる。追加の空気を吹き込むと、この凹んだ区域の張力によって風船が広げられ、膨らみの前面が風船の長さ方向に伝わっていくのだ。

二つのシャボン玉が開いた管によって連結されるとき、小さなシャボン玉内の高い圧力は、比較的小さな圧力の大きなシャボン玉へ向け、管を通して空気を押しやる。そして、小さなシャボン玉は潰れ、大きなシャボン玉は膨らむ。このことは炭酸ガスの泡を含むビールの上部で普通に起きているのだが、私たちは気づいていない。泡はもちろん管でつながれていないが、炭酸ガスは一つの泡からもう一つの泡へ、泡の壁を通して拡散する（広がる）。小さな泡は隣にある大きな泡にガスを取られ、最終的には崩壊する。「オストヴァルト成長」として知られた過程である。しかし、窒素の拡散率は炭酸ガスよりもずっと小さいので、炭酸ガスの代わりに窒素を含むビール（ギネススタウトのような）の泡はずっと長持ちをする。

泡を風船と置き換えると、結果はちがってくる。中に入っている空気の総量によって、最終的に同じ半径となれるか、どちらかがより大きくなれるか、が決まる。

両手の人差し指に棒をのせて指を近づけると、どうして棒は交互に動くのか?

両手の人差し指に一メートルの長さの棒の両端を乗せて、指をお互い一律に近づけてみよう。このとき、棒は一様に滑るだろうか。いや、棒は片方の指ともう一方の指の上を交互に滑り、同じような動作を数回繰り返して、両指が棒の中心に達する。なぜか。

87

見た目ではわからないが、両指の初期条件は左右対称でない。片方の指―たとえば右指―が少しだけ強く引かれることは避けられず、その力が指にかかる棒からの静止摩擦を上まわる結果、その指は棒の下を滑りはじめる。そのとき、指にかかる摩擦は動摩擦となるが、はじめは左指にかかる静止摩擦よりも小さい。しかし右指が棒の中心に近づくにつれて、その指が支える棒重量の割合が増え、したがって動摩擦も増える。やがて、そこでの摩擦が左指にかかる摩擦を上まわると、右指が止まってこんどは左指が滑りはじめる。すると、まもなく左指が大きな重量を支えることになり、左指が止まってまた右指が動きはじめる。このサイクルは両指が棒の中心近くに来るまで繰り返され、その後は棒が指から落ちる結果となる。

唾液を細く伸ばすと、糸の上に数珠玉ができるのはなぜか？

誰も見ていないとき口に手を入れ、くっつけた親指と人差し指との間に唾液をつけて、口から手を引き抜いてみよう。そして、よく見えるように目を唾液に近づけたら、親指と人差し指を徐々に離し、指の間で唾液の糸を伸ばしてみる。その途中で突然、糸の上に数珠玉ができるのはなぜか（図46）。

細長い棒（あるいは繊維）を油やハチミツの入った容器にさっと浸けて、真っ直ぐ上に引き上げてみよう。液体が棒を伝わって降りていきながら数珠玉をつくるのはなぜか。一つの数珠玉が支配的になって、道筋にできる小さな数珠球をペロリと食べてしまうように見えるのはなぜか。そして、その大きな食いしん坊の数珠玉が通過した後に、より多くの数珠玉ができるのはなぜか。

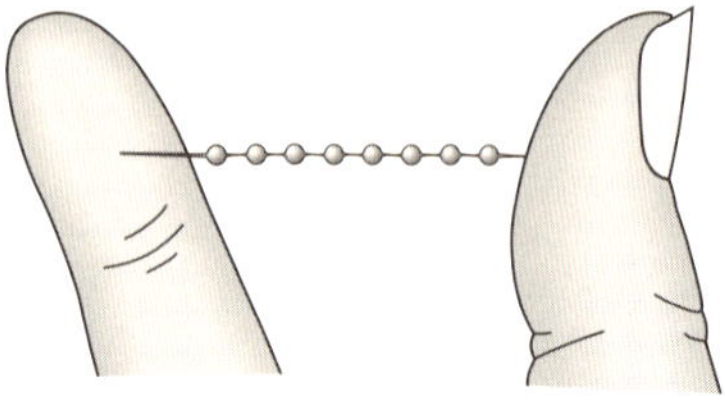

図46　親指と人差し指の間で唾液を糸状に伸ばすとその糸の上に数珠玉が現われる。

唾液の糸の表面張力（すなわち分子の相互引力）は、その糸の表面積を最小にしようとする。糸が伸ばされはじめて、その直径がある程度のとき、表面積が最小となる形は円筒なので、糸は円筒形のままである。避けがたいほんのわずかな手の動きのような、偶然の擾乱が起こす波は糸に沿って伝わり、その円筒形をゆがめはするが、表面張力がすぐに円筒形へ戻す。

しかしながら、親指と人差し指が離れるにつれて糸の直径は細くなり、ついには、糸の外周よりも大きな波長をもつ波に対して糸は不安定となる。これは、そうした波による変形によってじつは全表面積が減るので、いったん変形が起きると、表面張力は変形を防ぐ代わりに助長させるように働くからだ。太くなろうとする部分は表面張力に引っ張られて数珠玉となり、細くなろうとする部分は絞られて数珠玉の間の細い糸になる。数珠玉の間隔は、この転移を引き起こした波の波長にほぼ等しい（隔たった大きい数珠玉の間に小さな数珠玉がある場合は、数珠玉はおそらく複数回の過程でできて、各回に関与する波長は異なっていたと思われる）。数珠玉の間にある究極の糸は小さすぎて見えないかもしれない。

細長い棒（や繊維）上にできる液体の薄い層は、同様に不安定である。偶然の擾乱と表面張力が層を数珠玉状につくり直す。棒が鉛直に立っているならば、数珠玉は下向きに流れ落ちることができる。とくに大きいものはそうである。その経路にある小さな数珠玉は大きなものと融合するが、それが通過した後に残った薄い層はやはりまた数珠玉に変形することがある。しかし、その層が薄すぎれば、液体が下降することによって数珠玉の形成は止められる。

ある種のクモは巣をつくるとき、この数珠玉化を利用する。基本的な巣をつくったあと、八エを捕まえるための「捕捉糸」は液体によって表面を覆われ、その液体が糸上の数珠玉にすぐに取り込まれる。こうしてできた数珠玉は粘つき、十分に長い間、八エを捕まえておけるので、あばれる八エの振動を感知してからクモは獲物のところまで行けるのだ。

数珠玉化は、鉄を溶接するときにも現われる。鉄に沿ってある範囲の速さで熱源が動くと、その後ろの液体状の鉄の溜まりが凝固するにつれ、一連の「こぶ」（あるいは隆起）が熱源の後方に残される。熱源が溶けたの鉄の一点をいったん過ぎると、その液体の表面張力は凝固する前に数珠玉をつくることができるのだ。もし、熱源の移動する速さが遅すぎたり速すぎたりした場合、こぶは形成されない。

カエルを空中浮揚させることができるのはなぜか？

カエル（やその他の小動物）を、ソレノイド（電流が流れる電線コイル）がつくる磁場によって空中浮揚させることができる。しかし明らかに、カエルは磁性を持たない。もしカエルが磁性を持っていたら、カエルが台所をピョンピョン跳び回るたびに、冷蔵庫の金属ドアに激突していたはずである。十分に大きな磁場が与えられたら、あなたも空中浮揚することができるが、もちろん冷蔵庫のドアに悩まされることはない。どうしてこれらの生体は空中浮揚することができるのだろうか。

今やソレノイド磁場の中で浮き上がることで有名になったカエルもいる（カエルはまったく不快ではなく、水に浮くような気持ちで楽しんでいるのだ）。ソレノイドは鉛直に設置され、ソレノイドから磁場が広がる上端近くにカエルは置かれる。カエルは通常、磁性を持たないにもかかわらず、磁場の中に置かれると磁性を持つようになる。カエルは（人間や他の多くの物質と同じように）、「反磁性」であるといわれる。そのような物質は、磁場によって原子中の電子が変化し、磁性を帯びるようになる。したがって、ソレノイドの上端で広がる磁場の上端にカエルが置かれると、カエルは磁場に反発して押し上げられる。カエルは、この上方に押し上げる力と下方に引く重力とが釣り合う点まで上昇し、そこで浮くことになる。

もしカエルを小さな磁石に置き換えたとすると、その小さな磁石は不安定となり浮き上がらない。カエルが小さな磁石と異なるのは、カエルの磁性がソレノイドから出る磁場の強さに依存することである。たとえば、磁場の弱い場所までソレノイドから遠ざけられるとカエルの磁性もまた弱められるが、その一方、小さな磁石の磁性は変わらない。

小さな磁石は、コマのように自転し歳差運動すれば浮かせることができる。「レヴィトロン」という商標で販売されている楽しいおもちゃは、このアイデアに基づいている。磁化した陶磁器板の数センチ上で、すばやく自転する磁石ゴマが浮くのである。しかし、コマの回転が空気の抵抗を受けてだんだん遅くなるにつれ、コマが安定でいられないほど、いずれは回転が遅くなり、最後に落ちてしまうのだ。

指と指の隙間に暗線がいくつも見えるのはなぜか？

夜、数メートル以上先にあるワイヤー製窓網戸を通して、さらに遠くにある明るいランプを見ると、ランプからの光が明暗の線からなる模様を形成する（図47a）。何がこの模様をつくるのか。いちばん使われている傘の布地を通して明るいランプを眺めても、似たような模様が見える。状況によっては、色を見ることもできる。明るく照らされた部屋で、触れ合う寸前の親指と別の指との間の隙間を眺めると、そこに多数の暗線が見えるのはなぜか（図47b）。

これら明暗線の模様は通常、光の回折に起因している。「回折」とは、光がせまい孔を通り抜けたり、幅の小さい物体のそばを通りすぎたりするとき、光が広がる現象である。さらに、ある角度では、広がった光の波が同じ位相になり（同期して）お互いを強め合う（建設的に干渉する）ので、明るい線をつくり出す。別の角度では、波の位相が合わず（同期せず）お互いを打ち消し合う（相殺的に干渉する）ので、暗い線をつくり出す。この広がった光が特徴のない観測面に当たると、明暗線の模様ができるのである。

しかしながら、この模様は、せまい孔を通り抜ける光が「コヒーレント【可干渉性】」である場合にのみ出現する。すなわち、波が回折する前に（ほぼ）同期していなければならないのだ。電球のような最も一般的な光源からの光は「インコヒーレント【非干渉性】」である。すなわち、波がなにも調整されず、でたらめに生成されるのだ。コヒーレントな光は、インコヒーレントな光をピンホール【針穴】に通すことによってつくることができる（図47c）。ピンホールの孔は小さいので、それを通るすべての光波はほとんど同じものであり、したがってほぼ同期している。光が傘の布地や窓網戸のようなせまい孔を通過するとき、光はその孔によって回折され、回折模様が形成される。

もしピンホールを取り去って、（電球のような）光源からインコヒーレントな光をせまい孔に直接当てると、回折模様は消える。それでも光はせまい孔で広がるが、調整されていない光波がでたらめに孔を通過するので、その広がりは瞬間・瞬間で変わる。観測面に映るのは特徴のない像となる。

しかし、ここで観測面を目に置き換えて、直接、せまい孔からの光を目で見てみよう。このとき、孔は恒例の設定におけるピンホールのように振る舞う（図47d）。孔は小さいので、そこから広がる光波は、目の瞳孔に達するときはほぼ同期している（コヒーレントである）。したがって、光波が瞳孔を通過するとき回折され、網膜上に回折模様をつくり出すことになる。この模様を感知するのは、夜に窓網戸や傘の布地を通して、あるいは接近させた親指と別の指との隙間から、遠くのランプを【直接】目で見るときなのだ。

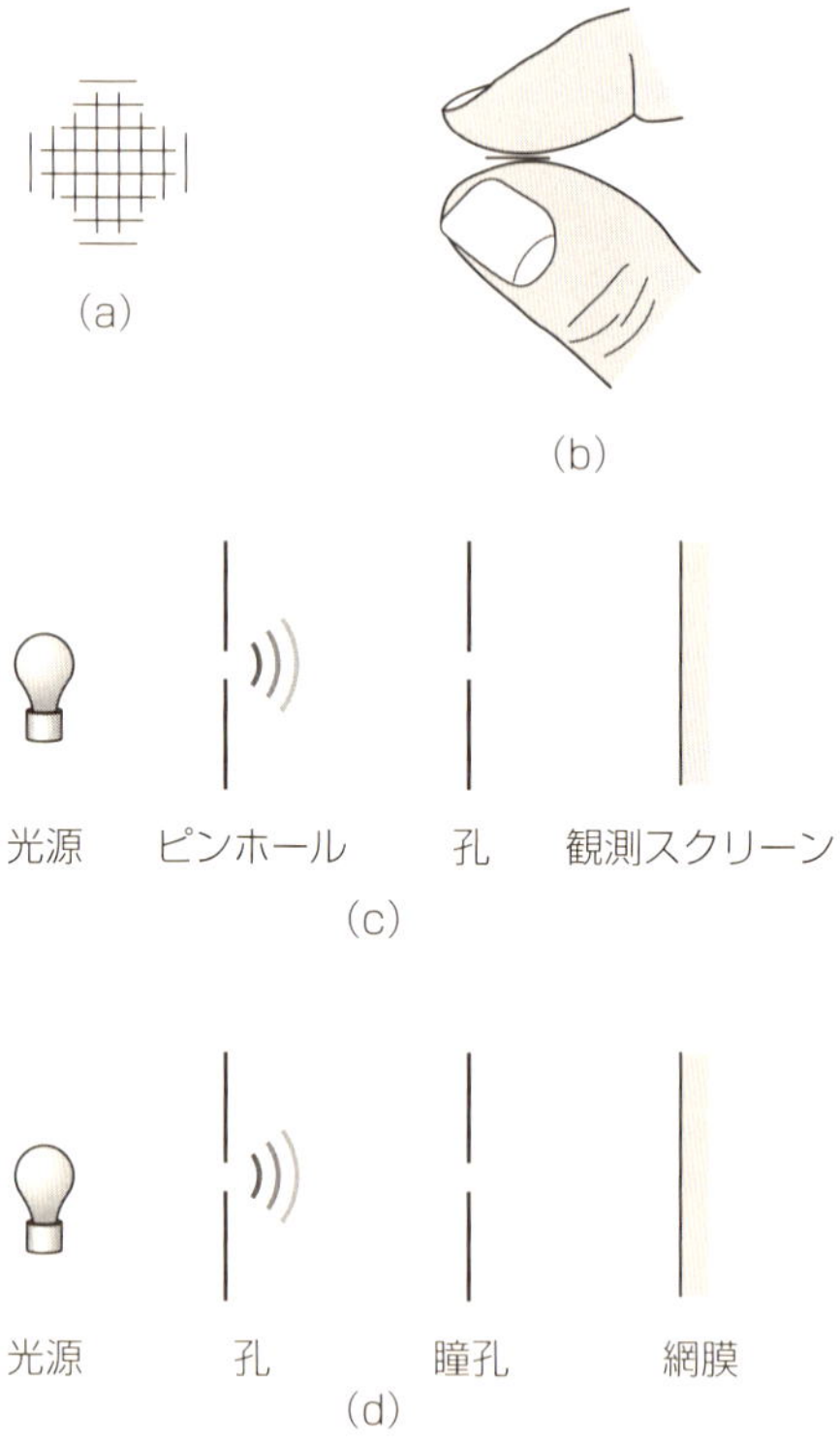

図 47　(a) 窓網戸を通して見られる模様、(b) 親指と別の指との隙間に見られる模様、(c) ピンホールを通過した光がせまい孔を照らし、観測スクリーン上に回折模様をつくり出す、(d) せまい孔を通過した光が瞳孔を照らし、網膜上に回折模様をつくり出す。

訳者紹介
下村　裕（しもむら・ゆたか）
慶應義塾大学法学部教授。1984年東京大学理学部物理学科卒、1989年同大学院理学系研究科博士課程修了。理学博士。同大学理学部助手、慶應義塾大学法学部助教授などを経て、2000年より現職。2006～2012年まで慶應義塾志木高等学校校長を兼務。
ケンブリッジ大学に研究留学中の2002年、「回転ゆで卵が立ち上がる」物理を解明した共同研究成果を科学誌『ネイチャー』に発表した。さらに「高速で回転する卵は立ち上がる途中でひとりでにジャンプする」ことを予測し、実証することにも成功した。現在は研究とともに、主に文系の大学生に物理学の授業を行っている。著書に『ケンブリッジの卵』（慶應義塾大学出版会、2007)、『卵が飛ぶまで考える』（日本経済新聞出版社、2013)、『力学』（共立出版、2021）など。

犬も歩けば物理にあたる
――解き明かされる日常の疑問

2014年9月20日　初版第1刷発行
2022年7月7日　初版第2刷発行

著　者――――ジャール・ウォーカー
訳　者――――下村　裕
発行者――――依田俊之
発行所――――慶應義塾大学出版会株式会社
〒108-8346　東京都港区三田2-19-30
TEL〔編集部〕03-3451-0931
〔営業部〕03-3451-3584〈ご注文〉
〔　〃　〕03-3451-6926
FAX〔営業部〕03-3451-3122
振替00190-8-155497
https://www.keio-up.co.jp/
イラスト原画―羊村康子
装　丁――――土屋　光
印刷・製本――株式会社加藤文明社
カバー印刷――株式会社太平印刷社

Printed in Japan　ISBN 978-4-7664-2164-4

慶應義塾大学出版会

ケンブリッジの卵

回る卵はなぜ立ち上がりジャンプするのか

下村 裕 著

物理学で長年解けなかった、「立ち上がる回転ゆで卵」の謎をどのようにして解明したのか。「回転ゆで卵の飛び跳ね」という未知の現象をいかに発見し実証したのかを、英国留学の日常とともに伝える発見ものがたり。

四六判／上製／272頁
ISBN 978-4-7664-1334-2
◎2,000円　2007年7月刊行

◆主要目次◆

表示価格は刊行時の本体価格(税別)です。